徹底検証

テレビ報道「嘘」のからくり

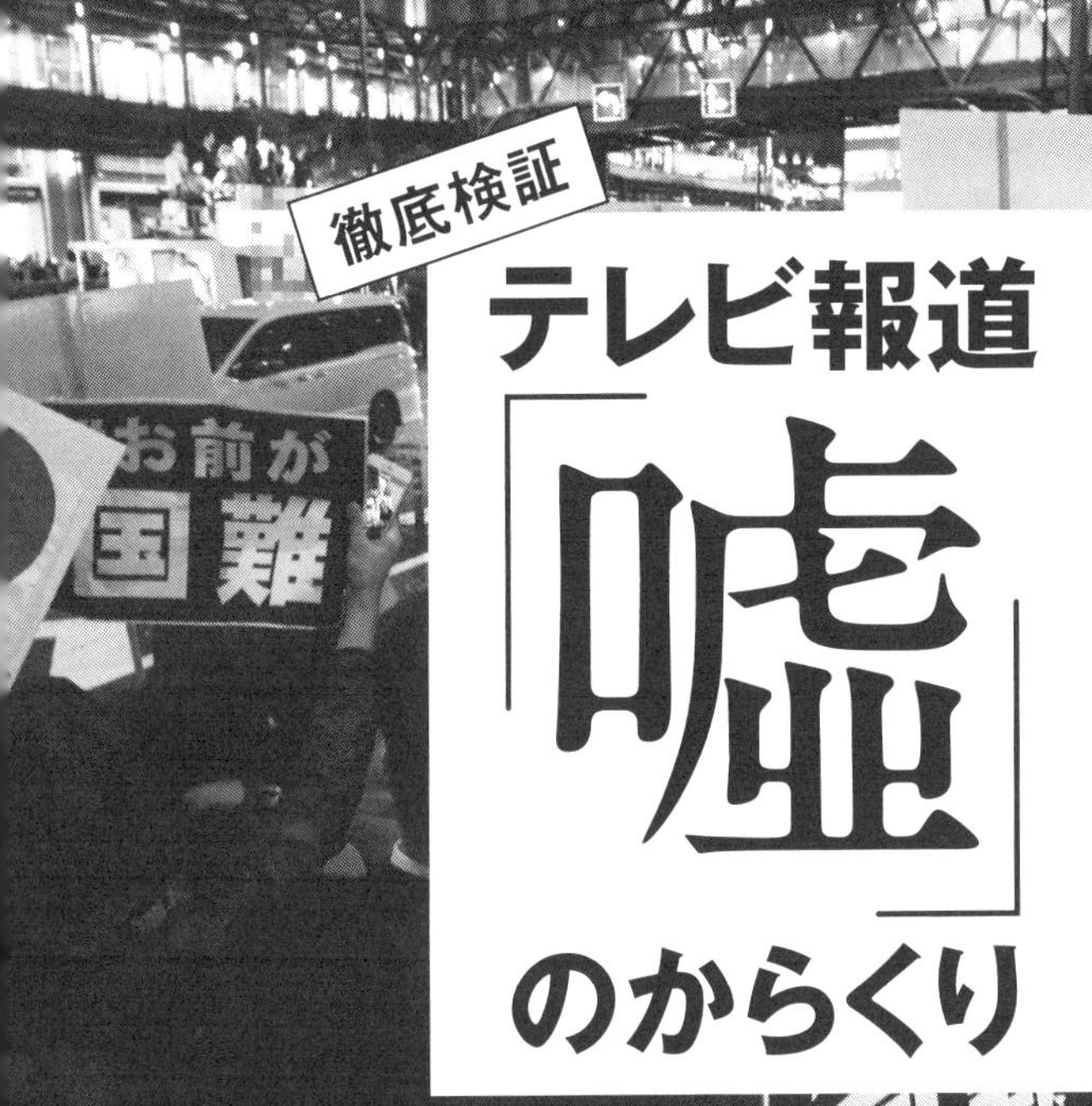

小川榮太郎

青林堂

はじめに

皆さんは「偏向報道」、あるいは「フェイクニュース（＝偽ニュース）」という言葉を聞いたことがあるだろう。

マスコミは信用できないという声も、この10年日本の中で広がり続け、テレビや新聞に対する信用度は低下している。総務省の「情報通信白書」によれば、平成28（２０１６年）度の調査でテレビを信頼していると答えた人は62・１％、新聞を信頼している答えた人は63・８％いるものの、いずれも前年を下回っており、信頼度は10年で10％近く低下している。

ネットでは、事実を伝えようとしないマスコミを指して、「マスゴミ」という強い侮蔑表現もしばしば使われ、テレビ局を囲む視聴者のデモが繰り出されることもある。

また、本書でも説明するが、テレビマスコミの論調を主導する「朝日新聞」への批判は特に根強く、朝日新聞の名前を挙げてそのフェイク＝嘘を告発する本も後を絶たない。

一方、そうした批判にもかかわらず、マスコミの影響力は今尚、極めて大きい。例えば、平成29（２０１７）年前半の日本政治を大揺れに揺さぶった森友・加計事件は、実際には安倍晋三首相はいずれの案件にも全く関係なく、「安倍疑惑」はマスコミによる完全な捏造だった。それにもかかわらず、安倍政権の支持率は2月から7月までの森友・加計集中砲火の結果、時事通信のデータによると、50％超から29・9％へと、記録的な大激減を見せた。ネットの普及により、以前に比べれば、マスコミの影響力は確かに減り始めてはいる。そのせいもあり、支持率は8月から好転し、9月から10月にかけて戦われた総選挙では、森友・加計騒動の影響は見られなかった。

しかし、短期間であれ、圧倒的な高支持率を維持し続けてきた政権を、完全なフェイク＝嘘の垂れ流しで政権崩壊の危険水域にまで追い込めるマスコミは、それ自体、いまだに大変な「権力」であると言わざるを得ない。それだけの力がマスコミにはまだ残っている。

もちろん、マスコミと一言で言っても、全てが横並びなわけではない。

本文で詳しく説明するが、日本のマスコミの影響力の中核は、何と言ってもテレビにある。政治や社会問題に関心のある人たちは、書籍、雑誌、ネットなどで多様に情報を収集し、自ら、情報が正しいか、信じるに値するかを検証する。その人たちはテレビにはほとんど左右されない。が、ほとんどの国民は、政治にも社会問題にも関心は薄く、テレビが断片的に流す「印象」の積み重ねをもとに、問題を直感的に判断するからだ。

テレビがある政治家を悪者にし続ければ、国民はその人を悪者と感じ始めるし、テレビが別のある政治家をヒーローやヒロイン扱いし続ければ、国民はさしたる根拠なしにその人を素晴らしい人だと感じ、それが投票行動にも極めて大きな影響を与える。

政策や言論、また事実よりも、テレビが大量に流布し続ける「印象」による「感じ」が、日本の政治をまだまだ大きく左右しているのが現状なのだ。

そして日本では、このテレビの論調が不思議と横一列になってしまう。東京のキー局で言えば、NHK、日本テレビ、TBS、フジテレビ、テレビ朝日、テレビ東京となるが、これら6局が、どういうわけか、政治判断において、いつもほとんど同じ論調に染まってしまう。その理由を一言で言えば、テレビ論調が朝日新聞によって決まる長年の慣習と、それを強化する様々な政治・情報工作の複合的な結果なのだが、この状況は非常に粘着的であって、ほぐれ難い。

そもそもテレビなど放送事業に関しては、新聞や書籍と違い、報道内容について、放送法という法律で次のように規制されている。

〈放送法第四条　放送事業者は、国内放送及び内外放送（以下「国内放送等」という。）の放送番組の編集に当たつては、次の各号の定めるところによらなければならない。
一　公安及び善良な風俗を害しないこと。
二　政治的に公平であること。

三　報道は事実をまげないですること。
四　意見が対立している問題については、できるだけ多くの角度から論点を明らかにすること〉

　どこからどう見ても、明瞭な内容であり、しかも国民のだれが見ても文句はない条文だろう。放送は限られた電波を少数の事業者が独占的に使用しており、新規業者の参入も、また、現在の事業者が免許取り消しなどで市場から退場することも、事実上、できない。国民全体の利益を守るために、法律で放送事業者に「事実」の尊重、政治的公平性などを義務づけるのは、いわば当然のことだ。

　ところが、日本のテレビ局は、重要な政治案件で、極端に偏った政治的な見解を、全局横並びで――つまり朝日論調で――垂れ流し続け、この法律を全く守ろうとはしないできた。放送法には罰則規定がないため、現状では、どんなに条文に違反しようとも、野放しなのである。

　一方、テレビを批判する側も、漠然とした印象からテレビを偏向報道と決め付けて抗議するという、決め手のない状況からなかなか脱却できずにいる。

　一つには、テレビの内容は瞬間に消え去り、紙媒体のように証拠を突き付けて違法報道やフェイクニュースを指摘しにくいためだ。

そこで、本書では、今後、国民が、テレビに対して「ファクト」に基づく批判によって、テレビの現状を改善してゆく方法のヒントになるよう、キャスターや有識者の発言を可能な限り、文字起こししてみた。あくまでも、「ファクト」をもとに、テレビの現状を批判する手法をとったのである。

そうした「ファクト」に基づいてテレビ報道の問題を一通り出した後、「最終章」では、こんなデタラメな状況がなぜ改善されないのか、またそうした中で、我々国民は改善に向けてどのように声を上げればいいのか――という点を考察した。

第1章「暴走するテレビの選挙報道」、第2章「安保法制報道の悪夢」は、いわば本書全体の助走的な性格を持ち、それぞれ10月の総選挙、平成27（2015）年の安保法制を振り返ることに力点を置いた。一方、第3章「情報工作が紛れ込む危険地帯――テレビによる北朝鮮報道」、第4章「『報道ステーション』という『罠』」、第5章「『サンデーモーニング』――日曜日、朝の憂鬱」では、テレビがどんな報道をしたかをたっぷり文字起こししてご紹介している。個々の発言者をきちんと明らかにしながら、その虚言、でたらめ、極端な誘導、事実に基づかない印象操作――を証拠を丁寧にあげながら示した。これが毎日延々とテレビで放映されていることの恐ろしさを感じていただきたい。

詳しくは本文を見ていただきたいが、私は、テレビメディアの極端な放送法違反、フェイクニュースの横行を許し続けることは、日本の民主主義が近い将来大きく破壊される端緒になると考え、強い危機感を抱いている。民主主義とは、国民の政治判断で国の方向性や政策を定めてゆく政治制度だ。国民の政治判断の最も有力な情報ソースであるテレビがここまで嘘と誘導に塗り固められていては、国民は正しい政治判断ができないに決まっている。

『徹底検証』と題したのは、10月に出した拙著『徹底検証「森友・加計事件」――朝日新聞による戦後最大級の報道犯罪』（飛鳥新社）に続き、社会問題を「ファクト」に基づいて批判してゆく仕事の第2弾という意味がある。もっとも、テレビについては本当に「徹底検証」したら、一冊の本にはまるで収まらない膨大なデータが集まってしまう。この本は、そうした膨大な問題の中から、ごく一部を紹介しただけに過ぎない。が、この短い本の中でさえ読者はどれほど多くの嘘を見出されることだろう！

読者の皆さんには、本書によってテレビに関するこの最低限の「ファクト」を共有していただき、テレビを国民の本当の情報手段として取り戻し、健全な民主主義を日本に根付かせるためのよすがにしていただければ幸いである。

目次

はじめに　2

第1章　暴走するテレビの選挙報道　11

解散を望んだメディアが解散を批判　12／小池都知事が独断で新党結成　18／驚くべき民進党の合流　23／左派議員排除に困ったメディア　33／枝野ブッシュを始めたテレビ報道　42

第2章　安保法制報道の悪夢　47

憲法9条の幻想　48／安保法制をねじ曲げて伝えたテレビ報道　57／見当違いも甚だしい反対意見を報道　61／「印象」と「感じ」で語る岸井成格　69／ニュース報道は政治プロパガンダ　74

第3章　情報工作が紛れ込む危険地帯――テレビによる北朝鮮報道　79

緊迫する北東アジア　80／世界を騙した北朝鮮　83／国連で北朝鮮を告発した安倍首相　92／国連演説を大きく報じない日本のメディア　97／テレビの洗脳性の高い危険な手法　101／北朝鮮の代弁者のようなコメンテーター　109／北朝鮮の核武装容認を先導する『ミヤネ屋』　114

第4章　『報道ステーション』という「罠」　119

テレビ報道を変えた『ニュースステーション』　120／ナチスを例に憲法改正を危険視　125／ヒトラーと安倍首相を重ね合わせて印象操作　132／自民党の改憲草案の一部を切り取り批判　138

第5章　『サンデーモーニング』――日曜日、朝の憂鬱　147

日曜朝の政治番組は保守が主流だった　148／『サンデーモーニング』が日曜の朝を変えた　152／テロ等準備罪を「共謀罪」と呼称　155／嘘の情報をばらまく『サンデーモーニング』　158／テレビと野党の反論はイチャモンレベル　162／中露の犬が安倍批判　168／政府の情報管理より恐ろしいテレビ報道　171

最終章　テレビはひどい、では視聴者はどうしたらいいのか――コンシューマー運動の提案　179

日本はテレビが支配する暗黒社会か　180／国民を洗脳するワイドショー　186／テレビ報道はまるで暴力だ　191／なぜテレビ局は暴走できるのか　196／左翼に汚染されたＢＰＯ　203／いかにテレビと戦うか　210

巻末参考資料　ＴＢＳ社による重大かつ明白な放送法4条違反と思料される件に関する声明　223

謝辞　236

第1章

暴走するテレビの選挙報道

解散を望んだメディアが解散を批判

第48回衆議院議員総選挙は10月22日に投開票されました。

その結果、自民党が２８４議席、公明党が29議席、希望の党が50議席、日本維新の会が11議席、立憲民主党が55議席、日本共産党が12議席を獲得しました。

自民・公明の与党で３００議席を超え、現有議席を殆ど割り込まない絶対安定多数を確保するという結果にとりあえず落ち着きはしたものの、選挙のプロセスではあってはならない非常識なことが次から次へと起こりました。

安倍首相は９月25日に解散を表明しましたが、その前からマスコミでは、まるで解散そのものが悪いことであるかのような報道が続きました。

「解散権の乱用である」という主張です。

日本の政治制度では、衆議院の解散は首相の専権事項とされています。したがって、当然解散は首相の決断によって行われるものです。安倍首相は任期約４年９カ月にして今度の解散は２度目です。１年に３度も解散しているわけでもなし、乱用とは到底言えないでしょう。

なるほど解散時期については、一理ある批判もありました。北朝鮮の脅威が増している時期に解散して、万一緊急事態が発生したら政府は機能できるのかという批判です。

しかし、現実的に考えれば、米朝危機の「最後の一線」は、北朝鮮側の一方的な暴発によることはあり得ず、アメリカ側が最後の鍵を握っています。安倍首相はドナルド・トランプ大統領と極めて緊密に連絡を取り合っていますから、解散時期は、アメリカの動向も踏まえ、寧(むし)ろ、今後に来るはずの危機に備えるために、今、解散して政権を盤石にするのが国家安全保障上ベストだと判断したと考えるのが妥当でしょう。

『報道ステーション』(テレビ朝日)、『NEWS23』(TBS)、『羽鳥慎一(はとりしんいち)モーニングショー』(テレビ朝日)などでは「イギリスなど先進国では首相の解散権は制限されている、それなのに安倍首相は」云々と、ここに来て、突如、外国の制度を持ち出して批判していましたが、これも奇妙な批判です。

過去日本では、衆議院が解散なしに任期満了に至ったのは一度しかありません。寧ろ、政権に問題が起きれば、「解散して国民の信を問え」と叫んできたのはマスコミの方なのです。

もし首相の解散権そのものが問題ならば、ここに来て急に批判するのは筋が通りません。

「解散の大義がない」という批判も多く出ました。

これまた奇妙な話というほかありません。

首相自身による解散表明や記者会見の前に、そうした批判の大合唱が起きたからです。首相の解散表明の後で、その中身に大義がない、解散する理由が分からないと批判するのなら話は分かります。しかし、首相自身が何も表明しておらず、解散の情報が出ただけで、「解散に大義がない」という非難は本来なら成立しようがないでしょう。

にもかかわらず、「解散に大義がない」という非難がテレビで連日宣伝されました。

なぜでしょうか。

ごく単純に、「安倍首相に解散してほしくない」という意味としか考えられません。

しかし、では、なぜ、解散してほしくないのか。

要するに、マスコミが、解散すれば改めて、安倍政権＝与党自民党・公明党が勝つと考えていたからでしょう。

この時点で衆議院は前回の解散から2年10カ月が経過、間もなく任期満了まで1年を切ります。実は任期満了まで1年を切ると、首相にとって、追い込まれての解散になる可能性が高くなります。そのため、政権が強いパワーを保ち続けるには、解散を攻めに使えるだけ任期に余力を持たせておくのが常道です。

安倍政権のように長期にわたり高支持率の政権が、選挙を通じてパワーを再獲得するのは、一般的に言って国のためにも国民のためにも利益になります。国民益の立場に立てば、解散はプラスのはずです。

ところが朝日新聞をはじめとする主流マスコミ、特にテレビメディアにとって、安倍首相は一種天敵のような存在であるようなのです。

解散総選挙で、その安倍政権が再びパワーを得ることを封じたいがために、解散批判を執拗に繰り返して、解散批判の世論を煽ろうとしたわけでしょう。

しかし、なぜ、朝日新聞やテレビメディアは安倍首相が嫌いなのでしょうか。

その訳は、2章以下に詳しく書いてゆきますが、一言で言えば、「戦後レジーム」――憲法9条さえあれば日本はずっと平和が続く。したがって日本は憲法改正や安全保障で国家としての独自のあり方を打ち出してはならない。そんなことをしたら軍国主義になってしまう。――という戦後日本のマスコミやアカデミズムを支配した考え方を、安倍首相が見直し、改変してゆく政治指導者だからです。

テレビ報道の前提に、そうした根深い「安倍嫌い」があるために、安倍首相のやることなすことへのケチの付け方が、いつも言いがかりめいたものになってしまう。今回の「解散」

批判も、そうしたものでした。中でも特に滑稽だったのは、この解散を「森友・加計隠しだ」とする批判です。

森友・加計事件は、言うまでもなく平成29（2017）年前半の日本社会を揺るがせた事件でした。森友学園、加計学園という二つの学園のトップと安倍首相に密接な関係があり、不当な仕方で安倍首相が彼らの学校事業を優遇してやったのではないか？　安倍首相は何か隠しているのではないか――。これが、国民の皆さんが漠然とイメージする森友・加計事件でしょう。

結論を言えば、2件とも安倍首相の完全な冤罪事件であって、どちらの案件にも安倍首相その人は全く関係ありません。詳しくは拙著『徹底検証「森友・加計事件」朝日新聞による戦後最大級の報道犯罪』（飛鳥新社）に書きましたが、この事件は朝日新聞が主導し、安倍首相を失脚させようとする情報謀略そのものだったのです。

しかし、いずれにしても、「解散は森友・加計隠しだ」という批判ほど論理性のない批判はありません。

なぜでしょうか。

選挙というのは、政権のボロを暴く一番の暴露装置だからです。

森友・加計が本当に政権を揺るがすような大きな不祥事であったならば、選挙などしたら、選挙戦を通じて、野党とマスコミから、森友・加計事件の責任を散々追求され、自民党は惨敗したに違いありません。

森友・加計を隠したければ解散総選挙など絶対にしてはならないのです。

それは過去の例を見ても明らかでしょう。

ロッキード事件やリクルート事件など、数億円から数十億円の、与党のトップ政治家が多数関与した事件が歴史上にはありました。そうした事件が大騒ぎされ、追い込まれた解散で、過去自民党は昭和58（１９８３）年に大惨敗を喫しています。

事実、８月までは野党も森友・加計の責任を取って解散しろと言っていました。例えば日本共産党委員長の志位和夫（しいかずお）氏（衆議院議員）は、７月３日の街頭演説で安倍政権に対し、「すみやかな解散総選挙を要求する！」と叫んでいました。

それがいざ解散となると見事なまでに変節します。９月23日には、同じ志位氏が「冒頭解散やるって言うんですね、どうですかこれ皆さん。森友・加計疑惑隠し、これを狙った前代未聞の謀略的暴挙と言わなければなりません！」などと言っている。

野党は、その時々で、政府を攻撃できればご都合主義で何とでも意見を変えるのは仕方ありませんが、マスコミが、こうした野党のご都合主義と同じことをやり続けたのでは、国民はたまったものではありません。

それは正しい意味での政権批判ではなく、言いがかりに過ぎないからです。

要するに、安倍自民が勝つ——9月中旬の時点で、マスコミはそう考えて、解散そのものを批判し続けていたのです。

小池都知事が独断で新党結成

ところが、その後、論調は一変します。

小池百合子(こいけゆりこ)東京都知事が新党結成に動き始めたためです。

7月2日、東京都議会議員選挙で、小池百合子旋風が吹き荒れたのは記憶に新しいところです。

丁度その頃、国政は森友・加計疑惑による安倍叩きが続き、50%以上の高支持率を維持してきた安倍政権は急激に支持率を落としました。

こうした政府与党への逆風と、小池=ジャンヌ・ダルクという劇場化での小池氏を持ち上げる報道の中、都議選は与党自民党が43議席から23議席に激減し、それまで全く存在しないも同然だった小池氏の都民ファーストの会が55議席で圧勝します。

安倍叩きを旨とするテレビメディアは、この都議選での自民党惨敗を、安倍政権の終わりの始まりと位置付け、はしゃぎました。

事実、平均55％から60％台という長期政権では歴史上類を見ない高い数字を誇っていた安倍政権の支持率は、7月の最大マイナスピーク時には共同通信35％、朝日新聞33％、時事通信29・9％、毎日新聞26％にまで落ち込みます。

その後8月3日の内閣改造を機に、40％台への回復傾向に戻ったとはいえ、5月までの安倍一強とされる時期とは状況は一変しました。

しかし、それでもテレビメディアが解散に大反対したのは、安倍政権の底堅さに比べ、対立陣営が、前原誠司（まえはらせいじ）代表の民進党では、とても勝ち目はなかったからです。

ところが、もしも「時の人」である小池氏が国政に乗り出し、安倍政権との一騎打ちを宣言すれば話は変わるかもしれません。

第2章以下で見るように、マスコミはこの5年安倍叩きを続ける一方、最近の1年間、小池都知事を持ち上げ続けてきました。

小池劇場のイメージは上々、対する安倍首相は、最後の森友・加計叩きで大きなダメージを受けています。

悪役の安倍首相と救世主の小池都知事――しかも7月には、都議選とは言え、小池新党が都議会自民党を大粉砕した直後です。

安倍VS.小池に持ち込めば、安倍首相退陣へのストーリーが描けるかもしれない……。

事実、小池氏は、都議選大勝の後、じわじわと国政進出の構えを見せていました。

8月7日に政治団体「日本ファーストの会」を結成し、8月4日に民進党を離党していた細野豪志（ほそのごうし）衆議院議員と合流します。その後、松沢成文（まつざわしげふみ）参議院議員（無所属）、長島昭久（ながしまあきひさ）衆議院議員（民進党を除籍処分）らと会談を重ねます。

解散風の中、9月24日には、福田峰之（ふくだみねゆき）内閣府副大臣（自民党）、中山恭子（なかやまきょうこ）参議院議員（日本のこころ代表）、翌日には松原仁（まつばらじん）衆議院議員（民進党）が新党への合流を表明し、「離党ドミノ」が加速します。都政と国政の二足の草鞋（わらじ）との批判を避けるため、この日まで小池氏は新党の動きに関わっていないとの立場を表明してきましたが、9月25日、夕方に予定されていた安倍首相の解散表明の直前に、緊急記者会見を設けます。午後2時、都立上野動物園で生まれたパンダの名前を「シャンシャン」と発表したあと、小池氏は、引き続き都庁で会見を行いました。

「この度、希望の党を立ち上げたいと存じます。これまで若狭（わかさ）（勝（まさる））さんや細野（豪志）さんはじめとする方々が議論して来られましたけれども、リセットいたしまして、私自身が立ち上げるということでございまして。直接絡んでいきたいというふうに思っております」

国政政党結成の記者会見を都庁で行うのもどうかと思いますし、パンダの会見に集まった記者をそのまま政党結成の会見に持ち逃げするやり方、首相の解散表明の前に殴り込みをかけるようなやり口――どうも小池氏はやることがあざとく浅はかに見えますが、ワイドショーの時間帯に重なっているため、テレビが興奮してこれを中継したのは言うまでもありません。

それまでは、小池氏の懐刀（ふところがたな）とされる若狭勝衆議院議員が中心となって、新党の結党記者会見が9月27日に予定されていたのですが、小池氏の独断でこのタイミングになり、いきなり「政党の立ち上げ」が宣言されたのです。

会見後、若狭、細野の両氏はこの会見について当日まで知らされていなかったと記者に答えています。要するに小池氏は、彼らを「リセット」して、本命として自ら名乗りを上げたことになります。

通常の意味での政党の立ち上げ経緯とは思えません。

徹底的に小池氏独断の党です。執行部も組織もなく、理念や基本政策もないまま、いきなり小池氏が独断で宣言して「政党」ができてしまう。

これは合議やプロセスを何よりも重視するデモクラシーでは禁じ手という他ないのですが、こと小池氏に関しては、そうした重大な危険行為に対してさえ批判が一切封印されてしまいます。

会見の最後に「目標議席数など設定しているのか、政権交代を目指す意気込みなのか」と聞かれた小池氏は、「これは政権選択選挙になるので、しっかりと候補者については吟味しながら多数立てていきたいと思う」と締めくくっています。

テレビメディアが色めいたのは言うまでもありません。

安倍VS.小池の図式が描けるからです。

解散の大義はないとの批判はどうでもよくなりました。

寧ろ、解散してもらった方がよくなったわけです。

驚くべき民進党の合流

この直後、安倍首相は解散を表明します。

「国難突破選挙」と自ら命名し、国民に信を問う理由として以下の二つの理由を挙げました。

①消費増税する場合の増収の使途を見直し、幼児教育の無償化を進め、少子化対策を大胆に進める。増税による悪影響をできるだけ封じ込める。

②対北朝鮮の圧力路線を継続し、北朝鮮の核ミサイルの脅威から日本の安全を守る。

要約すれば、「少子化」による人口激減と超高齢化社会という脅威と、北朝鮮の脅威、この二つの国難を突破するための解散だというのです。

どう見ても立派な「大義」でしょう。

ところが、それまで解散の大義がないと散々騒いできたテレビメディアは首相が打ち出した「大義」をろくに吟味することなく、小池新党の動きをひたすら追いかけ始めます。

こうして報道の軸は、解散の大義がないという安倍批判から、安倍か小池かという政権選択へと移ったのです。

その動きに一気に便乗しようとしたのが、民進党の新代表に選ばれたばかりの前原誠司氏でした。

前原氏は民進党代表に選ばれてすぐに、蓮舫(れんほう)前代表による日本共産党との共闘路線に別れを告げ、連合と関係を修復します。9月17日には自由党の小沢一郎(おざわいちろう)共同代表、社民党の吉田忠智(よしだただとも)党首の野党3党首と会談し、統一会派を結成する方向で協議に入っていました。

安倍首相の解散表明、小池氏の希望の党結成を受け、前原氏は9月26日に小池氏と会談しました。27日には、民進と希望が「合流」することで最終調整に入り、民進党は公認候補を擁立しないこと、前原氏自身は無所属で出馬することが報じられます。

全て前原氏の独断でした。

驚くべきことです。

ところが、更に驚くべきことが起きます。

28日の民進党両院議員総会で、満場一致で前原氏の提案に賛成との結論が出されたのです。

以下がその内容です。

〈総選挙の対応について

民進党常任幹事会

一、今回の総選挙における民進党の公認内定は取り消す。

二、民進党の立候補予定者は「希望の党」に公認を申請することとし、「希望の党」との交渉及び当分の間の党務については代表に一任する。

三、民進党は今回の総選挙に候補者を擁立せず、「希望の党」を全力で支援する〉

目を疑う決定という他はありません。

前原氏が民進党の代表に選ばれたのが9月1日です。4年9カ月前まで政権与党だった党を、前原氏は党首になって突然解党し、所属議員も全員賛成した。

所属議員140人、参議院は存続しても衆議院が一瞬で消えてしまうことになるわけです。

この議員たちは民進党公認で当選した人です。民進党へのそうした民意はどうなってしまうのか。また、政党助成金はどうなるのか。残額を国庫に返還せねば筋が通りません。

一方民進党が公認取り付けを希望した希望の党というのは、この段階でまだ結党2日目です。小池氏は「リセット」しか言っていない。政策、政党理念も全く分かりません。しかも前原代表は解党という最も重大な決断を、事前に誰にも諮らず、独断で決めています。

トヨタの社長が役員会にも諮らずに、ある日、日産の社長と会談して、トヨタは解散するから、社員は皆日産に移ってくださいといきなり言ったら、世界中がびっくり仰天します。即刻解任され、精神鑑定ものでしょう。

前原氏の行動は、実は、笑えないほど深刻なのです。

もし、自民党の総裁が、同じことを独断で、日本共産党に対して行ったらどうなるか。自民党総裁がいきなり志位和夫氏と会談して、今回の選挙では自民党の候補は日本共産党から出したいと申し出る。そして、日本共産党から自民党議員が皆出馬する。当然、議席の圧倒的多数を占め、志位氏が首班指名されます。

日本共産党には綱領があります。その綱領には、日米安保条約の廃止、自衛隊の廃絶、天皇制度の国民的な合意のもとでの解消などが謳われています。

その党に自民党が合流して志位総理大臣が誕生したとします。

志位首相はきっと宣言するでしょう。

共産党政権が誕生した以上、国会は党綱領の下位に属するとして、事実上国会を停止する、と。

速やかに中国の習近平（しゅうきんぺい）主席と会談、日中議員懇談会を軸に、中国の政財界首脳が日本国の顧問として就任します。人民解放軍がただちに永田町、霞が関、テレビ局、新聞社、そして皇居を押さえ、反共＝保守陣営の影響力ある人たちを次々に政治犯として逮捕するでしょう。

もちろん、安倍首相をはじめ、近い将来の自民党総裁がそんなことをするはずはなく、他にも障害が多く、これがすぐに現実になることはあり得ないでしょう。最大の障害は——日本人として情けないことにアメリカです。自民党の総裁が日本共産党と組むことも、いきなり人民解放軍が乗り込んでくることも、アメリカが絶対に許すはずがありません。だから、こんな話は今すぐ現実にはならない。

しかし、今回日本社会が、独断で大政党を解消する前原氏の行動を全く問題にもしなかったことは、将来、米中のアジアでの力関係が大きく変化すれば、今書いたようなことが起こり得るし、その時、日本社会はそれをなし崩しに許してしまう可能性が高いことを意味します。

しかも、身売りをする話を、民進党の議員自身は、満場一致で賛成したという。

ここまで自党に自信のない人たちとはいったい何なのでしょうか。

要するに民進党という看板、前原氏という代表では選挙を戦えないが、小池旋風に便乗すれば選挙に勝てると踏んだわけです。

かつて政権与党であり、首相や大臣経験者を何十人も抱える党が、たった3日前にできた組織も党理念もない政党に満場一致で鞍替えしようとする。

満場一致だったのですから、野田佳彦氏も菅直人氏も、蓮舫氏や岡田克也氏、今は希望の党批判をしている枝野幸男氏も、この時は賛成したのでしょう。

これを政治家失格と言わずに何と評すればいいのでしょう。

しかし、これほど異常な政治の崩壊、モラルの崩壊を、マスコミは全く批判しません。

それどころか、テレビメディアは、反安倍陣営が小池に集結するとの期待のもと、大はしゃぎしたのです。

YOU（タレント）「（希望の党への合流者が続出していることについて）私も、じゃあ入ろうかな（笑）。でもすごい求心力ですよね。言い方悪いですけど、非力な方が、小池さんと一緒にそこに入れれば議員になれるって思う……」

坂上忍（司会者）「我々にしてみれば、やっぱり小池さんが代表に就任したことによって、見やすいというか、失礼だけど面白くはなりましたよね。やっぱり安倍さんに対抗しうる顔と言ったら、やっぱりいい感じにはなってきたじゃないですか」

伊達みきお（お笑いタレント）「そうですね、どのぐらい議席が取れるのか、すごく楽しみです」（フジテレビ『バイキング』・平成29年9月26日）

こうしたタレントはお気楽なコメントで盛り上げる役割なので、目くじらを立てても仕方ないかもしれません。

しかし、日本の現状は、こんなタレントの政治談議を何千万人もの視聴者に垂れ流していていい状況なのでしょうか。安倍首相が提唱した国難突破――北朝鮮の危機も、安倍政権で劇的に改善しつつある少子化対策も、有事と言うべき深刻な状況です。政治がそれに真剣に取り組むかどうかは、国民の生命財産に極めて大きな影響を及ぼすことなのです。

その意味では、タレント以上に深刻なのは、「識者」として出演しているコメンテーターの程度の低さの方かもしれません。

龍崎孝（流通経済大学教授）「まさにわずか1日で選挙の主役に躍り出たという感じがしますね。小泉劇場という言葉がありましたけれど、今度は小池一人劇場、小池さんの行くところだけにカメラが行くという、そういう予感がしますね」

恵俊彰（司会者）「全部緑色（小池氏のシンボル色）に染まって行くような勢いですけれども」

大谷昭宏（ジャーナリスト）「小池にはまってさあ大変（都知事選の際、自民党内で流行ったとされる替え歌）というのがありましたよね」（ＴＢＳ『ひるおび！』・平成29年9月26日）

龍崎氏は他人事のように「小池一人劇場」と語っていますが、まさにその劇場作りに自らが加担しているという自覚はないのでしょうか。この番組と、その次に放送されている番組『ゴゴスマ～ＧＯＧＯ!Ｓｍｉｌｅ！～』（ＣＢＣ）だけ見ても、報道時間は、安倍首相64分に対し小池知事は１２４分でした。これだけ小池氏を追いかければ、嫌でもそこに「小池一人劇場」が出現するのは当然でしょう。しかし、繰り返しますが、希望の党には、まだ理念も政策も組織もないのです。

もちろん、小池批判が皆無ではありませんでした。例えば『ひるおび！』のレギュラー出演者である八代英輝氏（弁護士）は、小池都知事は都政に専念すべきだったとして「東京都民を馬鹿にしている」と非難するなど、一貫して批判的です。『ゴゴスマ』では武田邦彦氏（中部大学教授）が「２００９年もこういう感じだったんですよ。政権交代って言って、今では考えられないけど鳩山（由紀夫）さんが輝かしく見えて、あれはマスコミのせいですよ。（司会の）石井（亮次）さん気をつけてね」などと述べています。

しかし、報道の全体量そのものが、小池氏への大きな応援でした。

荻原博子（経済ジャーナリスト）「（前日、テレビ出演した番組数が安倍首相より小池知事の方が多かったことについて）情報って、やっぱり一つ固まってるとすごいインパクトがあるんですよ。で、これだけまとめたことによって、お、小池新党に行こうじゃないかっていう人が、これから何人出てくるかっていうことですよね」

有馬晴海（政治評論家）「私は夜、移動で新幹線に乗ってたんですが、元議員から電話があって、自分も行けないかなという相談を受けた。ちょっと仲介をという（スタジオ内ざわつき笑い起こる）。いや、仲介業はやってませんが、ボーンとあれだけアドバルーンが上がると、小池新党案外行くかな、っていう雰囲気が昨日はあったですよ」

こうしてテレビの画像は小池一色となり、安倍首相VS.小池氏で、どちらが首相にふさわしいかという議論になってゆきます。

荒唐無稽な話です。

テレビがいくら小池劇場を煽っても、次の首相に相応しい政治家を問う世論調査では、小池氏への国政への期待度は一貫して高くありませんでした。森友・加計騒ぎの最中の8月4日の日経新聞電子版でさえ、1位は22％を獲得した石破茂氏、2位が17％で安倍首相、3位が11％で小泉進次郎氏、4位タイが9％で岸田文雄氏と小池百合子氏でした。

小池旋風がテレビ現象に過ぎないこと、東京都限定の現象に過ぎないことを国民の多くは理解しているのです。

それにもかかわらず、テレビは安倍か小池かという誘導を続けます。

左派議員排除に困ったメディア

これは確かに武田氏が言うように民主党への政権交代を思い出させる風景です。

あの時は、政権交替の数年前から、テレビメディアは選挙の度に政権交代熱を煽り続けました。第１次安倍政権、福田康夫（ふくだやすお）政権、麻生太郎（あそうたろう）政権が次々に退陣に追い込まれ、テレビによって国民的期待を大きく掻き立てられた鳩山由紀夫政権が誕生します。平成21年９月のことです。支持率71％でのスタートでしたが、わずか半年で20％台に落ち込みました。沖縄米軍基地を巡る迷走、新規国債発行額が過去最悪になったり口蹄疫の流行の対応が遅れるなど、失政が相次いだためです。

その後、菅直人政権下での東日本大震災の悪夢、野田佳彦政権による「決められない政治」が続きます。

今、安倍政権によって、民主党政権時と比べると、名目ＧＤＰは４９３兆円から５４３兆円に、日経平均株価は８６６４円から２万２０００円台に上がりました。また、有効求人倍率は０・83倍から１・52倍に伸びています。同じ国かというほどの元気回復ぶりです。

しかし、強調しておかねばならないことがあります。

民主党は、平成10（１９９８）年の発足から政権に就くまで11年の間、国会での質問力や議員立法の力を蓄え、党内には保守的な論客も多く存在していました。小泉内閣時代は、公共事業改革や分権改革といった、民主党の政策と合致する部分が多かったため、改革の速度や手法を切磋琢磨する「対案路線」で自民党と活発な議論を戦わせていたものです。

更に、平成18（２００６）年に小沢一郎氏が代表に就任した翌年には、ねじれ国会の運営に苦しんでいた当時の福田康夫首相に対し、小沢氏が大連立構想を提案しましたが、これに対し、小沢氏以外の民主党議員は「健全な二大政党制」を望むとして、全員が反対しました。

今、選挙での当選だけで頭が一杯になって右往左往している民進党議員を見ていると、同じ人たちとは思えません。

ところが、それだけの準備と志があってさえ、実際の民主党の政権担当力は、言語を絶してひどかったのです。

そのくらい、日本のような大国の政権を担うのは、困難なことなのです。

希望の党は、全く空っぽです。執行部も党の運営組織も政策も何もない。

小池氏自身の東京都政からして、無責任の塊です。

小池氏は、豊洲市場の移転を安全性への懸念、巨額かつ不透明な費用の増大、情報公開の不足の三つを根拠に延期しましたが、全て根拠はありませんでした。被害総額は年２００億円を超えると言われています（参考：『「小池劇場」が日本を滅ぼす』〔幻冬舎〕有本香(ありもとかおり)著）。それにもかかわらず事態は１年経っても動きません。総工費６５００億円を掛けた完璧な建物と、新たな事業計画が決まっていたのに白紙のままです。

政治家としての小池氏の無責任さは全く話になりません。

どこから見ても、安倍VS.小池という図式はブラックジョークでしかないのです。

しかし、テレビが一生懸命、この図式を振り回していたこの頃が、小池氏の最も輝いていた瞬間だったかもしれません。

小池氏は本来自民党内でも右派でしたが、合流できると思い込んでいた民進党左派の議員たちからもラブコールが続きました。

例えば９月29日の朝日新聞で阿部知子(あべともこ)衆議院議員は、「安保法制がどうとか、憲法観が違うというのとは別に、私は小池さんとも十分やっていける」と語っています。菅直人元首相も、９月27日のブログで〈私も全力で取り組んできた「原発ゼロ」を小池氏が新党の公約に掲げたことには大歓迎で、大いに協力したいと思います〉と綴っていました。

ところが、状況は一変します。

9月29日、小池氏が希望の党の公認条件として、安保法制と憲法改正に賛成できない民進党議員は「排除」すると言い放ったからです。

9月29日の知事会見で「リベラル派を『大量虐殺』するのか」と問われ、「(リベラル派が)排除されないということはない。排除する」と言い切り、「安全保障、憲法観といった根幹部分で一致していることが、政党構成員としての最低条件」とも強調したのです。

実は、これで一挙に潮目が小池氏に不利になり始めます。

なぜでしょうか。

小池氏が「排除」する時の基準がよりによって「安保法制」賛成と「憲法改正」であり、実際に排除した人たちが、民進党内左派だったからです。

もし彼女が「排除」しようとしたのが保守派や右派ならば、こんな風に失速しなかったに違いありません。

要するに小池百合子その人が風を吹かせる力があったわけではなかった。

テレビメディアが無理やり、小池旋風を吹かせてきたのです。

小池氏が、自民党に反旗を翻して都知事選に立候補し、その際、自民党が第一党だった都議会を「ブラックボックス」だと訴え、その後も、〝都議会自民党のドン〟内田茂（うちだしげる）氏を敵役として、小池旋風を巻き起こしたことを忘れてはなりません。

その頃の小池氏は、反自民＝反安倍勢力として、マスコミにとって利用価値があったわけです。

ところが、よりによってその小池氏が、新党結成の「排除」の基準にしたのは「安保法制」と「憲法改正」という、それこそ安倍カラーそのものでした。

これではマスコミが小池氏の肩を持つわけにゆきません。

希望の党が躍進すれば、安倍政権と同調する可能性が高くなります。

今マスコミがほしい政治人材は、あくまでも反安倍＝護憲派＝安保反対派です。

もし小池旋風がこのまま続けば、自民党も打撃を受けますが、民進党内左派と日本共産党が壊滅的な状況に陥ることになったでしょう。

その上、小池氏は、ここまで小池旋風を煽りながら、自らは出馬しないという立場を取りました。

テレビメディアから見れば、これでは絵になりません。

出馬さえすれば、いくら小池氏が改憲と安保を出したとしても、反安倍の結集軸としてテレビメディアにもいくらでも料理のしようがあったでしょう。
実際、テレビのコメンテーターは小池氏がいくら出馬を否定しても、出馬の可能性を強調したり、出馬を促し続けました。

片山善博（元鳥取県知事）「政権選択を目指す政党の代表が国会議員選挙に出ないんですかという疑問が湧く。ひょっとしたらこれから公示までに時間があるので、見せ場を作って『出ます』ということがあるんじゃないかと、昨日の会見を見て思いましたけどね」（TBS『ひるおび！』・平成29年9月26日）

有馬晴海（政治評論家）「今は東京都知事を頑張っていますという話であって、これをもってそのあとの言葉や行動が拘束されることはないんじゃないかということを私は期待して、国政に出られるんじゃないかということを、楽しみに見ています」（TBS『ゴゴスマ～GOGO！SMILE～』・平成29年9月26日）

9月29日にも小池氏は、記者の質問に次のように答え、出馬を否定します。

記者「小池代表を総理にという声が大きいんですけれども、衆院選に出馬はされますか？」
小池「されません」
記者「出ません？　出ません？」
小池「前から言ってるじゃないですか」

この記者会見を受けて『直撃LIVEグッディ！』では以下のようなやりとりがありました。


安藤優子（キャスター）「伊藤（惇夫）さん、（小池氏出馬の可能性は）昨日72％だったじゃないですか。今日は何％ですか」

伊藤惇夫（政治評論家）「ちょっと上がってます」

安藤「えーっ（略）」

伊藤「78ぐらいですね（略）」

本間正人（京都造形芸術大学副学長）「政権選択選挙って言ってるからには、最終的には出ると思いますね」

伊藤「出ないって発言されたら、周りは『いや出てください』とまた必ず押し返しますよね。そういう状況が続いて、ギリギリのところまで引っ張って決断っていう感じがしないでもない」

安藤「やっぱり私出ます！って言うんだと、積極的に投げ出し感が出ちゃうじゃないですか」

高橋克実（司会者）「まわりからやれやれって言われたからっていう」

安藤「しょう〜がないわね、っていう感じですか？　でもね、私よく考えたら、有権者として選挙に行く時に、この党が政権を取ったら誰が総理大臣になるのかということがイメージとして湧かなければ、なんか投票しようがないじゃないですか。自民党だったら安倍晋三さんですよね。じゃあ希望の党は誰？って、やっぱりなっちゃいますよね」

伊藤「ここの党に集まっている皆さんはみんな小池さんが出てくれると、たぶん期待して集まっているはずですよ」（フジテレビ『直撃LIVE グッディ！』・平成29年9月29日）

安藤優子「（10月3日の読売新聞で、小池氏が「出馬は100％ない」と述べたと伝え、産経新聞も「ない、最初から言っている」との発言を伝えたことについて）私、伊藤さんに出馬のパーセンテージ毎日聞いてますが」
伊藤惇夫「今日はまあ五分五分にしておきますけどね。私はやはり意地でも１００％ないとは言いません。だって小池さんにとってこれだけの勝負に出たっていうことは、最初で最後の大勝負ですよ。ここで引っ込んだらもう総理の目はないです、絶対に。〝次の次〟なんて若狭さんおっしゃっていたけれど、そんなのはあり得ないです。だとすると、大勝負に出てくるとすれば、それ（出馬）以外の手はないんじゃないのかなと」（フジテレビ『直撃LIVE グッディ！』・平成29年10月３日）
田原総一朗（ジャーナリスト）「（今の政治、政局を一言で言うと）やっぱり主役は小池さんだよね。小池さんが何を判断し、次にどんなアッと言わせる決断をするか、みんな見守ってるんじゃない？　これは安倍さんもヒヤヒヤしながら見守っているじゃない？　都議会が終わるのが（10月）５日ですよね。この辺で何か打ち出すと思う」（TBS『ビビット』平成29年10月３日）

しかし、『ビビット』で街頭アンケートを取ると「都知事に専念してほしい」が大半で、出馬への支持は殆どありませんでした。実際、この時期のテレビ朝日の世論調査でも、「あなたは、小池都知事が、知事を辞めて衆議院選挙に立候補することは、良いと思いますか、思いませんか?」という質問に対して「思わない」と答えた人は72%にも上りました。

国民が、小池氏の国政進出を全く期待していないのに、テレビのコメンテーターらが小池待望論を語り続けるのは、明らかに不当な政治誘導でしょう。

国民の常識の方がはるかに健全であり、テレビの「有識者」なる人たちは、政治を玩具にしているだけなのです。

しかし、こうして、反安倍の軸になろうともせず、安保と改憲を前面に出した小池氏の、テレビにとっての利用価値は急減してゆきます。

枝野プッシュを始めたテレビ報道

それに代わってこの時期を境に、急激にマスコミが持ち上げ始めたのが、枝野幸男氏が結成した立憲民主党でした。小池氏に排除された左派をかき集めた党です。

橋本大二郎（司会者・元高知県知事）「立憲民主党が立ち上がったということで、有権者目線で言えばある程度色合いがはっきりして分かりやすくなったという面もあるんでしょうね」

角谷浩一（政治ジャーナリスト）「まあそれと逆にですね、希望の党が何が目標なのか分からなくなってきた。民進党からごっそり人を入れたにもかかわらず、安倍政権批判だとか、前原さんが両院総会で言った、安倍政治を倒すためにはみんながまとまらなきゃいけないんだということはどこへ行ってしまったのか（略）」

水谷修（教育評論家）「立ち上げそのものよりも、枝野さん偉かったなぁとね、枝野さんに感動しました。言いたいこと沢山あったと思いますよ、小池さんにも前原さんにも。それを飲み込んで、文句の一つも言わず。清い人なんだなあと、ちょっと感動しました」（テレビ朝日『ワイド！スクランブル』・平成29年10月3日）

奇妙な話です。

枝野氏による結党など、別に褒められた話では全くないからです。

希望の党への合流が決まった時、誰一人反対の声を挙げた人はいませんでした。希望の党に便乗できればいいと考えていた人ばかりです。

ところが希望の党から「左翼は御断り」と言われた。

そこで行き場のなくなった民進党内左派を仕切ってにわかに新しい政党を作ったのが、枝野氏です。

枝野氏自身が選挙に強い政治家ではありません。彼自身、無所属では戦うのが不可能だったのであり、無所属では勝てない左派候補が集ったのが立憲民主党だというだけの話です。「立憲」と銘打つその名前は大日本帝国時代の「立憲政友会」以来の重厚な伝統感が漂います。しかし候補者の顔ぶれを見れば、立憲民主党ではなく、「新・解放戦線」とか「第二共産党」と名乗るべき党でしょう。

代表の枝野氏は過去ＪＲ総連やＪＲ東労組など「革マル派活動家が相当浸透している（鳩山由紀夫政権答弁書）」極左暴力組織から献金を受けて問題になっています。最高顧問の菅直人元首相は北朝鮮拉致容疑者の関連団体への多額の献金が発覚しているだけでなく、極左のキーパーソンです。

政調会長となった元社民党の辻元清美（つじもときよみ）氏は「連帯ユニオン関西地区生コン支部」と関係が

深いことで知られます。この団体は過激な活動で知られ、委員長の武健一氏は逮捕歴3回、この団体に属する戸田久和門真市議会議員はブログでこの団体を「山口組でさえ手を出せない団体」と公言しています。

父の代から社会党幹部だった赤松広隆氏が労働組合の組織内議員、他にも、山花郁夫氏、阿部知子氏という顔ぶれを見れば、立憲民主党が左翼政党であるのは一目瞭然です。

事実、日本共産党は立憲民主党の候補者の出る選挙区からの立候補を取り下げています。いつも厳しい選挙戦を強いられてきた枝野幸男代表、菅直人元首相にとっては日本共産党の立候補辞退は左派票の食い合いを防いでくれる当選へのパスポートとなりました。

小池熱が冷めて、立憲民主党へとテレビメディアの好意的論調が大幅に移った理由――。もうお分かりでしょう。

小池氏が「安保賛成」と「憲法改正」を持ち出した瞬間に、テレビメディアにとって、小池氏の利用価値は事実上終わっていたのです。

テレビメディアは、国民の政治世論を左翼に向けて誘導しようとする一貫した傾向があり、彼らにとっての最大のタブーこそが安保法制と憲法改正だからです。

今回小池氏が短期間に立場を劇的に変えたため、テレビの政治的傾向が露骨にうかがえる結果となりました。

そして、テレビが小池旋風を吹かせることを止めた途端、実際の風も終わってしまいました。

都議選では小池氏の演説はどこでも３０００人から５０００人集まりましたが、今回の総選挙の初日、池袋での第一声では、同じ駅前で演説した小泉進次郎氏が３０００人集めたのに対し、小池氏の演説には５００人しか集まりませんでした。

安倍政治がどうであれ、また、小池氏が何者であれ、こんな風にテレビが政治を左右し続ける日本は、本当に自由社会、国民主権が守られている社会と言えるのでしょうか。

２章以後、テレビ報道があまりにも「嘘」だらけである実態を見てゆきます。

「嘘」に基づく民主主義――そんなことを、私たちはこれ以上許しておいていいのか。私は本書を通じて、そのことを皆さんに問いかけたいのです。

第2章

安保法制報道の悪夢

憲法9条の幻想

こうしたテレビによる歪んだ誘導——とりわけこの数年の「反安倍」誘導——は、もちろん、今回の選挙に限りません。

それは日常的に延々と続いています。

とりわけ、平成27（2015）年9月19日、平和安全法制（安保法制）が成立した時、それは前代未聞の激しさにまで達しました。

テレビと新聞が連日、安保法制反対の大合唱をして、「戦争法案」と叫び、「この法律が通ると徴兵制になる」、「戦争に巻き込まれる」、「赤紙が来る」……など大騒ぎしていたことは、皆さんも記憶しておられるのではないでしょうか。

しかし、その後、徴兵制もなければ、戦争に巻き込まれることもなく、2年が過ぎ、今や、北朝鮮危機の中、安保法制の成立による日米同盟の堅固さのアピールは、日本の安全の命綱となっています。

平成29（2017）年8月10日、衆議院安全保障委員会で小野寺五典（おのでらいつのり）防衛大臣が、米領グアムに向かう北朝鮮の弾道ミサイルを自衛隊が迎撃することが、法的にはあり得ると答弁しました。安保法制が成立していたからこそ可能な発言でした。この答弁はアメリカでも報道され、ネット上でも好意的な反応が大いに広がったとのことです。万が一のいざという時にアメリカが日本防衛のために日米安保条約を発動する上で、アメリカ世論の納得はどうしても必要です。今回の小野寺発言のように、同盟国として、互いに防衛し合うというアピールをアメリカに対してできたこと自体が、それだけでも既に日本の安全保障が強化されたことを意味しているのです。

また、この法整備と特定秘密保護法のお陰で、北朝鮮に関するアメリカからの情報が格段に日本政府に入るようになっています。ミサイルや核の脅威にさらされている現状で、安倍首相以下国家の枢要メンバーが、アメリカの情報をもとに安全保障を組み立てられる現状は不幸中の幸いというべきです。

実際、安保法制の中身を見れば、日本の安全保障の危機と関係のないアメリカの戦争に巻き込まれることなどあり得ないことが分かります。

そうしたことを確認するためにも、まず、少しこの法律自体を振り返っておきましょう。

安保法制というのは、平和安全法制整備法、国際平和支援法の総称ですが、前者は自衛隊法、周辺事態法などを改正して、自衛隊の役割を拡大するための法律、後者は自衛隊が外国、主としてアメリカの軍隊を協力支援する際の制度を定めたものです。平成27年5月14日に国会に提出されてから約4カ月、衆議院で約116時間、参議院で約100時間をかけるという国会史上でも稀にみる長時間審議がなされました。

内閣が国会に法案を提出した時の、提出理由を以下に掲げてみましょう。

「我が国を取り巻く安全保障環境の変化を踏まえ、我が国と密接な関係にある他国に対する武力攻撃が発生し、これにより我が国の存立が脅かされ、国民の生命、自由及び幸福追求の権利が根底から覆される明白な危険がある事態に際して実施する防衛出動その他の対処措置、我が国の平和及び安全に重要な影響を与える事態に際して実施する合衆国軍隊等に対する後方支援活動等、国際連携平和安全活動のために実施する国際平和協力業務その他の我が国及び国際社会の平和及び安全の確保に資するために我が国が実施する措置について定める必要がある。これが、この法律案を提出する理由である」

簡単に言えば、主としてアメリカへの武力攻撃により、日本自体も「存立が脅かされ」るような「明白な危険がある」場合、自衛隊の米軍との協力を明確に定めておくということです。

日本は日米安保条約により、日本中に展開する米軍基地と自衛隊の連携、そしてアメリカの核の傘によって、戦後70年以上、平和を維持してきました。その意味で、アメリカへの攻撃に際して、日本の存立に影響がある危険な状況下で、自衛隊と米軍が協働するのは、常識では当然と思われます。日本が危険に陥ったらアメリカは日本を守ってくれるが、アメリカの危機が生じた時、日本は指をくわえて見ているだけという一方的な関係は、個人でも国家でもあり得ない話でしょう。

しかし、日本国憲法９条により、安全保障、防衛について、日本には大きな制約があり、日米安保条約は長年、そうした偏頗（へんぱ）な状態が続いていました。

憲法９条の全文は次の通りです。

〈第９条　日本国民は、正義と秩序を基調とする国際平和を誠実に希求し、国権の発動たる戦争と、武力による威嚇又は武力の行使は、国際紛争を解決する手段としては、永久にこれを放棄する。

２　前項の目的を達するため、陸海空軍その他の戦力は、これを保持しない。国の交戦権は、これを認めない〉

１項は、昭和３（１９２８）年のパリ不戦条約、昭和20（１９４５）年の国連憲章の条文をそのまま日本語に訳したもので、実は、現在の世界の多くの国の憲法にも含まれる一般的な平和条項です。日本だけのものでも９条だけのものでもありません。

それにしても、読みにくい条文です。情けないことに外国語の条文の直訳だからです。簡単に言えば、「国際紛争を解決する手段として」の戦争、武力行使とは、「侵略戦争」を意味します。つまり、９条１項は「侵略戦争」の禁止を意味していますが、逆に言えば自衛権は禁じていないのです。

国連憲章では51章で加盟国について以下のように定められています。

〈この憲章のいかなる規定も、国際連合加盟国に対して武力攻撃が発生した場合には、安全保障理事会が国際の平和及び安全の維持に必要な措置をとるまでの間、個別的又は集団的自衛の固有の権利を害するものではない〉

要するに9条の1項は、侵略戦争を禁止し、自衛権を認める現在の国際社会の常識と、軌（わだち）を一にした条文と言っていい。

ところが、日本国憲法9条には2項があります。そして、そこでは「戦力」も「交戦権」も禁じられています。条文を素直に読めば、日本は軍隊も持つことができず、いざ外敵に攻められても交戦する権利がないのだから、やられるままになる他ないことになってしまいます。

そこで日本の歴代政府は、この条文を様々に解釈して、最低限の自衛は可能だという立場で日本の安全保障を図ってきました。例えば日本は「戦力」は憲法上禁止されているが「自衛力」を持つことはできる。それは「自衛のための必要最小限度のもの」だというような理屈をひねり出して、自衛権や自衛隊の存在を肯定してきたのです。

しかし「必要最小限度」とはどの程度を指すのでしょうか。

そもそも日本に敵意、害意を持つ外国による侵略意図や、侵略の方法に限界や制約はありません。

侵略する側に限界も制約もないのに、自衛の方だけを一方的に「必要最小限度」に自分で縛ってしまって、永遠に日本の平和が保たれるなどという「おいしい話」が、本当にあるのでしょうか。日本は珍しいほど、歴史上戦争の少ない国ですが、一般的に言えば人類の歴史は戦争の歴史です。自分たちが平和の民だからと言って、ロシアやチャイナや朝鮮半島が平和を基調とした歴史を歩んできたと考えたら大間違いです。

事実、中国による尖閣諸島海域への軍備漁船の大量の航行と、北朝鮮の度重なる我が国上空や排他的経済水域へのミサイルの着弾を見れば、「必要最小限度」の自衛という観念がいかに根拠のないものだったかは明らかでしょう。

そうした日本周辺の侵略の脅威が日々刻々と高まる中、安倍政権が提出したのが安保法制だったのです。

その際の大きな目玉は「必要最小限度」の従来の大きな柱の一つだった考え方――「日本は個別的自衛権は持てるが、集団的自衛権は持てない」とする日本政府の憲法解釈を改め、日本国憲法下で集団的自衛権も可能だとすることでした。中国、北朝鮮の高まる脅威に対して、米軍との緊密な協力関係を構築するためです。

実際、憲法9条には「必要最小限度」という言葉もなければ、「個別的自衛権」「集団的自衛権」という言葉もありません。そもそも2項で「戦力」と「交戦権」を根本から禁じています。あまりにも全面的な軍隊と戦争の否定であり、このままでは日本は外敵に侵されても何もできない。そこで、歴代政府が、憲法９条下でも「必要最小限度」の自衛と「個別的自衛権」は認められると「解釈」してきただけです。

何しろ憲法学者の多数派は、今でも憲法９条２項は一切の戦争を禁止し、自衛隊も憲法違反だと考えています。条文を読めば確かにそう取るのが自然でしょう。

したがって、本来ならば、憲法９条の条文通り自衛隊を廃止するか、逆に自衛権を行使しないのなら憲法を改正するのが筋です。

しかし左翼に長年支配されてきたマスコミはいまだに憲法改正には大反対です。それを考えると憲法改正のハードルは非常に高いと言わざるを得ない。そこで、安倍首相は、憲法改正をしないまま日米安保条約を強化することを優先し、集団的自衛権を認める法整備を進めたわけでしょう。

もちろん、米軍と共同して世界中での国際紛争解決に自衛隊が動員されたり、ましてや戦争に従軍するという話ではありません。

安保法制成立の前年、平成26（２０１４）年7月1日に、安倍内閣は新たな武力行使の三要件を以下のように定めているからです。

・我が国に対する武力攻撃が発生したこと、又は我が国と密接な関係にある他国に対する武力攻撃が発生し、これにより我が国の存立が脅かされ、国民の生命、自由及び幸福追求の権利が根底から覆される明白な危険があること。
・これを排除し、我が国の存立を全うし、国民を守るために他に適当な手段がないこと。
・必要最小限度の実力行使にとどまるべきこと。

ちなみに従来の三要件は次の通りです。

・我が国に対する急迫不正の侵害があること。
・これを排除するために他の適当な手段がないこと。
・必要最小限度の実力行使にとどまるべきこと。

こうして安倍内閣による新たな三要件は集団的自衛権の行使を認めました。しかし、それを行使するのは「我が国の存立が脅かされ、国民の生命、自由及び幸福追求の権利が根底から覆される明白な危険がある」場合に明確に限定しています。

もちろん、何が存立危機事態か、憲法解釈との整合性はどうかなどで様々な論争が生じるのは当然です。

が、一番重要なポイントは、この解釈変更で、どの程度危機に対応できるようになったのか、国家の存続や国民の生命を守る上で、日本は現実問題として、どの程度「安全」「安心」な国となれるのかという議論であるはずでしょう。

安保法制をねじ曲げて伝えたテレビ報道

ではテレビは、この一連の安保法制をどう伝えたのか。以下、それを見てみましょう。

「戦争っていうのはいつの時代でも起きる可能性があるので、いわばなんらかのその安全装置を、やっぱ外してしまうと、とめどもなくそこに、こう流れ込んでいくと思うんですね。今その瀬戸際なんじゃないでしょうかね。まあその安全装置は、やっぱその一つの例は、憲法だと思いますけれども。その安全装置をやっぱ箍（たが）が外れちゃうと、あとはどこに飛んでいくか分からないということになるよね」

安保法制の提出に先立つ、平成27年1月4日、『サンデーモーニング 新春スペシャル』（TBS）での姜尚中（カンサンジュン）氏の発言です。姜氏は政治学者で東京大学名誉教授、『悩む力』『心』（共に集英社）などがベストセラーとなり、テレビ出演の他、雑誌『AERA』（朝日新聞出版）などで連載を続けている人物ですが、氏のこの発言は、日本の有識者なる人たちに典型的な議論といえるでしょう。

憲法9条は、日本が戦争に向かって暴走することを防ぐ「安全装置」だ、だから憲法改正をしてはいけないのだというわけです。

世界中、殆どの国に軍隊があり自衛権の行使を憲法が認めています。が、多くの国が軍隊や憲法のせいで四六時中戦争をしているかと言えばそんなことは決してありません。

先ほど書いた通り、今日の国際社会のルールでは、侵略戦争を禁じ、自衛権の行使のみを認めています。その意味で、自衛権の行使を我が国が憲法に明記したからと言って、それで侵略戦争を起こすことになど、なるはずがありません。

これは「日本は戦前、軍国主義へと暴走した。だから9条を改正して自衛権や軍隊の存在を容認するだけできっとまた戦争をするに違いない」という前提に立った議論です。

支那事変から日米戦争に至る昭和の戦争は、極めて複雑な要素から成り立っており、日本が一方的に軍国主義に暴走したという歴史観は間違っています。一番根本の戦争原因は資源と経済にありました。当時植民地や広大な領地を保有していたイギリス、フランス、オランダ、アメリカから、資源も市場も持たない急成長中の後進国日本が締め出されたことが、最も大きな戦争原因です。そこに分裂を続ける中国、不安定極まる朝鮮半島、世界中に共産主義国家を輸出しようとしていたソビエト連邦の謀略、アメリカによる日本バッシング、日本の外交下手、ファシズム思想の台頭が絡み合います。この辺の経緯は拙著『一気に読める戦争の昭和史』（ＫＫベストセラーズ）に分かりやすく書きました。

いずれにせよ、戦前の日本は軍国主義で暴走したから、もう二度と戦争を起こさないためには憲法で自分の手足を縛っておけばいいというのは子供の発想でしかありません。

今の日本は世界でも最も平和的な国の一つです。

それでも日本の周囲は侵略とミサイルと核が、頭上と海上と海底を覆っているのです。

憲法で自分の手足を縛ったからといって、その状況が解決するわけでないことは言うまでもありません。

ではどうしたら戦争は回避できるのか。
一般論として、戦争が起きにくい条件は以下の通りです。

①民主主義国であること。
②相互の国の経済力が豊かで、戦争が国民・国家にとって不利益にしかならないこと。
③複数の信頼できる同盟関係を持つこと。
④近隣諸国との間で軍事バランスを崩さないこと。

日本自身は、今、全ての条件を満たしています。しかし、自らはそうであっても、近隣諸国が日本侵略を意図することを、憲法で防げるはずがありません。

有識者なる人たちがテレビでこういう馬鹿げた議論をし続けているうちに、北朝鮮がどんな脅威になってしまったのかは今更言うまでもありません。

見当違いも甚だしい反対意見を報道

　では国会審議が始まったあとのテレビ報道も幾つか見てみましょう。

　安保法制審議の最中の平成27年６月４日、衆議院憲法審査会に３人の憲法学者が呼ばれ、安保法制が憲法違反かどうかが議論されました。長谷部恭男氏（早稲田大教授）、小林節氏（慶応大名誉教授）、笹田栄司氏（早稲田大教授）の３人です。本来は憲法制定の過程等を質疑するための参考人招致だったのですが、野党議員の質問が安保法制の見直しに集中してしまい、３人全てが新たな安保法制は違憲との考えを示しました。

　専門家の議論とはいえ、全く見当違いな話という他ありません。

　憲法議論については最初に説明したように、今回の集団的自衛権の行使が憲法違反かどうかを問うても答えなどないからです。そもそも論として憲法の条文には個別自衛権はいいが、集団的自衛権は禁じるなどと書かれていません。どう読んでも憲法の条文からは個別と集団を分けて、集団的自衛権のみを違憲とする論理を導き出すことは不可能です。先ほど申し上げたように、筋論を言うなら、自衛隊を廃絶するか憲法改正をするかしかない。それを今回の安保法制――集団的自衛権――だけを取り出して違憲であるかのように言うのは、根拠のない詭弁(きべん)です。

しかし、国会に呼ばれた憲法学者3人が全員、今回の安保法制を違憲だとしたため、この日から安保反対のマスコミの論調は突然熱を帯び始めます。

議論を深めようという話では残念ながらありません。法案の冷静な議論や、日本の安全は本当に守られるのかという本質論は全く議論されませんでした。

例えば、同年6月19日の『報道ステーション』(テレビ朝日)では、安保法制の国会前デモに参加した若者の声を取り上げています。

古舘伊知郎(ふるたちいちろう)(司会者)「若い人たちが切実に聞こえるのは、それはもちろん、いろんな考えの人が若い人たちの中にも千差万別あると思うけれども、やっぱりこれから先何かあった時には、駆り出されるかもしれないのは若い人たちですからね!」

仮にも日本で最も視聴率の高い報道番組のメインキャスターが「駆り出されるかもしれな

いのは若い人たち」などと発言するのは許し難い失言です。この法案は徴兵制とは何ら関係がないからです。

番組が紹介する「若い人たちの声」も全くひどい代物で、日本の若者の多くに対して失礼なレベルだったという他ありません。

23歳・男性（大学院生）「戦争という行為は勝っても負けても政治の失敗でしかありません。存在しない危機事態を想像し、存立危機事態なるものがあるから自衛隊を海外の戦地へ派遣する。なんですかそれは！　逆でしょう！　自衛隊を戦地へ派遣することが日本にとって危険な事態を作り出すんじゃないんですか（周囲：そうだー！）。安倍晋三内閣総理大臣の言う戦後レジームからの脱却とは、戦前への回帰です。戦争はいつの時代も平和の顔をしてやってきます」

21歳・女性（大学四年）「私は誰も殺したくないし、誰にも死んでほしくないし、友達と遊んだり親と喧嘩したりデートに行ったりが大事であって、そういうものを、勝手な、立憲主義も分かりませんみたいな政権に、奪われたくないんですよ私は！

本気で止めたいし、私は私の未来を自分で作っていきたいから、これからも声を挙げていきます。頑張りましょう」

戦争は勝っても負けても政治の失敗だというのは、戦争そのものが政治目的である場合を除けばその通りです。しかし、政治も人間という生き物も失敗だらけなのが現実です。また、自分に失敗がないのに窮地に追い込まれることもしばしばあります。がん保険や火災保険に入る人に向かって「存在しないガンや火災を想像し、がんや火災があり得るから保険に入る。なんですかそれは！　逆でしょう！」と力説すれば、馬鹿にしか見えません。自衛権行使の範囲を拡大するのは、不測の事態から戦争が起きてしまうという「政治の失敗」をあらかじめ避けるためです。

二人目の発言はさらにお粗末です。あなたが「友達と遊んだり親と喧嘩したりデートに行ったりが大事」なのは分かっているのです。だから自衛レベルを上げて、そうした日常を守ってあげるよという話なのではないでしょうか。お父さんがＡＬＳＯＫ（綜合警備保障）を下宿のマンションに導入してあげると言ったら、この女性は「友達と遊んだり親と喧嘩したりデートに行ったりが大事なの。勝手な、娘の心も分かりませんみたいなお父さんに、強盗や殺人狂や強姦魔が私の下宿に出入りする自由を奪われたくないですよ私は！」とでも叫ぶのでしょうか。

ちなみにこの人たちは後に安保反対のマスコミや学者たちに持ち上げられ、安保反対ブームが去った途端見捨てられた「シールズ（ＳＥＡＬＤｓ）」の一員です。

学問を積み重ねた挙句の安保反対ではなく、不正確極まる知識でデモを繰り広げるだけでしたが、顔や名前を出して活動したため就職にも支障が出ているようです。

安保法制制定直後の平成27年10月、「安全保障関連法に反対する学者の会」がシールズと共催でシンポジウムを開き、参加した教授たちは以下のような発言をしました。

山口二郎（やまぐちじろう）（法政大学教授）「学者がぐずぐず悩むよりも学生が自ら実践的に動いて新しい市民の姿を示し、新しい政治文化を開いてくれた。政治学の研究者・教師として何より学生諸君にありがとうと言いたい」

佐藤学（さとうまなぶ）（学習院大学教授）「戦争法の成立は国の形を変える暴挙だが、その運動の中で主催者として声を上げ、新しい民主主義が生まれた」

持ち上げるだけ持ち上げて、後は就職難も何も関係ないよ、というのは教育者としてどうなのでしょうか。

さて、「安保反対」ではご老人も頑張っていました。

平成27年6月20日、『報道特集』（ＴＢＳ）では「療養中をおして命がけでデモに駆けつけた」という瀬戸内寂聴（せとうちじゃくちょう）氏を大きく取り上げました。

「今の日本の状態は、私が生きてきた昭和16、7年頃の雰囲気があります。それは表向きは平和のようでありますけれども、もうすぐ後ろの方に、軍隊の靴の音が、もう続々と聞こえてくる、そういう危険な感じがいたします。ですから、このまんま、安倍総理の思想で、政治が続いていったら、やはり、戦争になると思います。それを防がなければならない」

瀬戸内氏はこの時93歳、デモにお出になるのはいいけれど、我々の耳には自衛隊の靴の音ではなく、北朝鮮のミサイル発射と核実験の轟音が聞こえ、あとは日本国土に着弾する日を待つばかりになってしまったようです。「安倍総理の思想」よりはるかに現実的な目の前の脅威も、93歳にもなると、全く見えなくなるものなのでしょうか。

ちなみに、この日の『報道特集』では「現役自衛官の本音」と称して名前、階級、職歴も謎の「自衛官」と称する人が複数出演し、安保法制に反対意見のみを表明しています。

自衛隊員Ａ「僕たちが受けている教育も、服務の宣誓も、やっぱり専守防衛についてのこと。世界に（行く）っていうことは謳っていないし、憲法９条で自分からからは行かないからと。あの安保法制の話を聞いていると、約束が違うぞと」

自衛隊員Ｂ「子供たちや妻とかはやっぱり、死ぬというイメージしかないんですね、この法案イコール死ぬっていう。行ったら死ぬっていうイメージです。大げさかもしれないけど、法案が通ったら死ぬの？と。お父さんは行くの？と」

私の周囲にも自衛隊関係者は多数いますが、これはまた随分私の知る人たちと違う「本音」で驚いています。

そもそも自衛隊の服務の宣誓は、海外派遣の有無以前に、大変厳粛なものです。

〈私は、わが国の平和と独立を守る自衛隊の使命を自覚し、日本国憲法及び法令を遵守し、一致団結、厳正な規律を保持し、常に徳操を養い、人格を尊重し、心身をきたえ、技能をみがき、政治的活動に関与せず、強い責任感をもつて専心職務の遂行にあたり、事に臨んでは危険を顧みず、身をもつて責務の完遂に務め、もつて国民の負託にこたえることを誓います〉

「わが国の平和と独立を守る自衛隊の使命を自覚し、事に臨んでは危険を顧みず、身をもつて責務の完遂に務め」る――宣誓の本質はここにあります。米ソ冷戦時代、北海道方面の危機は、陸海空とも極めて厳しいものがありました。また、防衛省によれば、平成28（2016）年度の中国機に対するスクランブル発進は実に851回、厚木飛行場から尖閣へ飛び、中国の戦闘機による危険な挑発を受けている状況です。心身共に限界状況が続いています。安保法制の制定以前に、今でも自衛隊の前線では、半戦時的な緊迫状態が続いているのです。また、ＰＫＯ以来、自衛隊の海外派遣も常態化しており、法案の不備のために寧ろ隊員が危険にさらされ続けてきました。

冒頭で説明したように我が国の存立危機事態となり得る際の日米同盟の強化を目的とする安保法制が、現在十分厳しい自衛隊員の日常をさらに厳しくするものとは思えません。

既に一線の自衛隊員は十分危険な状況下で日本の平和と独立を守る任務を遂行してくれているのです。

「印象」と「感じ」で語る岸井成格

さて、法案成立前後、平成27年9月のテレビの報道はどうだったでしょうか。

TBSの夜の看板番組、『NEWS23』を少し追跡してみましょう。

9月14日には、安保法案について国会での紛糾ぶりや、国会前での反対デモを伝えたニュースを受けて、当時番組のキャスターだった岸井成格（きしいしげただ）氏（毎日新聞特別編集委員）は以下のように発言しています。

「そもそも他国が攻撃された時の存立危機事態というのは幾ら取材しても、専門家もどうにも想定できないんですよね。それをわざわざ持ってきて何でこういう説明をするのかなと非常に疑問だったんですが、だんだんその根拠が薄れてしまったということが言えると思うんですよね。ＰＫＯについても、最近は南スーダンが非常に注目されて、もし当面出すとすると、南スーダンのPKOかなという気がするんですが、最近、アメリカをはじめ先進国がPKOに軍隊を出さなくなった。それはなぜかと言うと、市民を殺傷しちゃうリスク、そういうものもある。どこに何が問題があるか分からないとなってきているんですね。だからそこへ今度は、この法制で日本は自衛隊積極的に出そうとしているわけですよ」

「他国が攻撃された時の存立危機事態というのは幾ら取材しても、専門家もどうにも想定できない」という岸井氏の発言が、今やどれほど虚しく響くでしょう。北朝鮮によるグアム基地の攻撃予告と、我が国を核兵器によって撃沈するとの恐喝が、北朝鮮の最高指導者によってなされました。

まして、存立危機事態を「専門家が想定できない」というのは全く事実に反します。安保法制に賛成する立場の専門家は当時多数いました。

小川和久（おがわかずひさ）（静岡県立大学特任教授、軍事アナリスト）「安倍政権は、これまでの日本的な議論を整理し、日本国の安全を確立しようとしている、その点において高く評価をする」（衆議院・我が国及び国際社会の平和安全法制に関する特別委員会・平成27年7月1日）

村田晃嗣（同志社大学法学部教授、国際政治学者）「もし、今回の法案についての意見を憲法の専門家の方々の学界だけではなくて安全保障の専門家から成る学界で同じような意見を問われれば、多くの安全保障専門家は、今回の法案にかなり肯定的な回答をするのではなかろうか。学者は憲法学者だけではないということでございます」（衆議院・我が国及び国際社会の平和安全法制に関する特別委員会公聴会・平成27年7月13日）

渡部恒雄（東京財団上席研究員）「日本大震災での津波、原発事故。あるいは最近の集中豪雨。こういうのを見ても、我々人間は想定できることしか準備できないんです。それでも想像力を最大限に駆使して、想像できる最悪の事態に対処できるようにするということが、我々いまの日本人の、世界や後世の子孫に対する責任だと思います」（参議院・我が国及び国際社会の平和安全法制に関する特別委員会地方公聴会・平成27年9月16日）

賛成派の「専門家」の声は、他にも拾い切れないほど多数ありました。

また、この放送時点で、Ｇ７の中でアメリカ、イタリア、フランス、イギリス、ドイツが

ＰＫＯに軍隊を送っています。国連ホームページによればアメリカが派遣している兵員は34人と少数ではありますが、警察官39人、軍事専門家6人を派遣しているのです。「アメリカをはじめ先進国がＰＫＯに軍隊を出さなくなった」という岸井氏の発言は、「フェイク（＝嘘）ニュース」です。

翌9月15日も、番組は安保法制反対のキャンペーンで埋め尽くされました。岸井氏は、安全保障関連法案が違憲であるとする長谷部恭男氏と共に出演し、以下のように解説しています。

「憲法違反の中心に集団的自衛権の問題があるんですけど、これまで私ずっと取材してきまして、政府はいわゆる武力行使を伴う派兵というのと、いわゆる一般の派遣を非常に厳密に区別してきたんですね。これが非常に歯止めになってきたと思うんですけれども、今回の法案はそれを全て歯止めを外しちゃった印象があるんですよね」

「特にメディアやジャーナリズムの立場から言いますと、やっぱりもう一回ああいう戦争、あれを止められなかったという非常に大きな反省と教訓があるんですよね。そういう点でいうと、まさに今回の安保法案の中身を調べれば調べるほど、あるいは審議すればするほど、戦後の平和主義と民主主義が本当に危機に瀕（ひん）しているなと。大きな分岐点だなという感じを持っているんですけどね」

これに対し長谷部氏は「後方支援で派遣されたあとに、なし崩し的に武力行使と一体化するというリスクも十分考えられる。いずれにしても大きな転換点になりかねない」と同調しています。

更に長谷部氏は、新宿で行われた集会に参加した際に、一般市民が自身の判断で集会に参加し抗議の声を挙げていたとし、日本共産党委員長の志位和夫氏（衆議院議員）の「日本の社会に憲法の精神が根付いてきた」という発言を紹介しています。

岸井氏の発言――に限らず、主要なテレビのキャスターやコメンテーターは大概皆そうですが――は、「印象」と「感じ」ばかりで、明確な論点をもっての批判がないのが特徴です。

ここでも岸井氏は、この法案が自衛隊の活動に対する歯止めを全て外してしまった「印象」、あるいは戦後の平和主義と民主主義が本当に危機に瀕している「感じ」を持っているとしています。しかし、この法案は、先に示した新三要件の縛りのもとで作られており、そもそも「我が国の存立危機事態」においてしか自衛隊の役割を拡大できません。これは明確な「歯止め」であり、「全て歯止めを外し」たという岸井氏の「印象」に根拠はありません。長谷部氏の「なし崩し」や「大きな転換点になりかねない」も同様です。現実に法案成立から2年、なし崩しは生じていません。

それにしても長谷部氏がデモ集会で出逢った「抗議の声を挙げ」る一般市民はその後どこに行ってしまったのでしょう。また、共産党の志位氏が、そのデモに集まった人々を見て「憲法の精神が根付いてきた」と発言したとのことですが、その憲法の精神でどうやって北朝鮮の危機から身を守るか。政党の代表者として具体的な方法を教えてもらいたいものです。何しろ共産党は、党の方針を定めた「共産党綱領」の中で、日米安保条約の解消と自衛隊の廃絶を謳っています。共産党はその後どうやって日本の安全を守るつもりなのでしょうか。

ニュース報道は政治プロパガンダ

平成27年9月16日の同番組も全く同じ一方的な安保反対キャンペーンです。法案を肯定する意見は、政権当事者の見解以外は一切取り上げられず、ゲストの御厨 貴（みくりやたかし）氏（東京大学名誉教授）と岸井氏のスタジオでの会話をはじめ、河野洋平（こうのようへい）氏（元衆議院議長）へのインタビュー映像など、この法案に反対の意見で埋め尽くされています。

岸井氏と御厨氏のやり取りを少し見てみましょう。

岸井「私はこれ、衆議院で強行採決した時から、ある種の権力の暴走と呼んでもいいぐらいじゃないか。与党の中でも、ブレーキが、自民党、公明党の中に何で出てこないのかな。非常に不思議ですね」

御厨「先ほども申し上げたように、政権の側が基本的に国民の説得ということをあまり考えていませんから、ますます国民の方は、もっと声を挙げていかないとこれは戦いになりませんね」

岸井「河野さんとのインタビューでもあったんですが、この法案というのは、とにかく憲法違反であるということが非常に強い、疑いが強くなってきたんですね。

しかも、同時にアメリカとの軍事一体化が進むということですから、メディアとしても廃案に向けて声をずっと挙げ続けるべきだというふうに私は思います」

「強行採決」には法的な定義はありません。

野党が強く反対したまま採決に持ち込まれた時に、与党を非難するための用語です。

この法案は、審議時間は約216時間、戦後最長審議の一つです。

また、ここまで幾つかのテレビの議論をご紹介したように、冒頭に取り上げた法案概要から見れば、全く見当違いな批判しか出ていません。国会でも些末（さまつ）きわまる質問か、印象論的な批判が続いていていました。最初から法案に賛成する気は全くない野党や批判することしか考えていないマスコミを相手に延々と時間を潰すことが「国民の説得」ではないでしょう。

繰り返しますが、本当に深めるべきだった議論は、集団的自衛権を新たに法整備して、どれだけ自衛力が増し、日本国民の安全が保障されるのかです。今の北朝鮮危機を見ても、アメリカが攻撃される危険は、実は我が国そのものが攻撃をされる直接的な存立危機事態と表裏一体なのであり、それが眼前で展開されている現実なのです。

ところで、このように一方的な意見ばかりを流し続けた上、岸井氏は、ここで「法案の廃案」への運動を視聴者に呼びかけています。岸井氏は番組のメインキャスター（アンカー）です。司会進行役です。「はじめに」でご紹介したように、放送法第四条の規定により、政治的な公平性に気を配るのが、岸井氏の本来の仕事なのです。それを安保廃案への声を挙げ続けるべきだなどと発言するのは、放送法第四条違反、テレビ言論人失格でしょう。

私のシンクタンク「社団法人日本平和学研究所」の調べでは、この番組に限らず、テレビ各局の法案成立前1週間の安保法制の報道の、法案賛成と反対のバランスは、約9：1で反対意見で占められていました（78ページの表参照）。

これは報道とは言えないでしょう。調査に当たった私自身、信じられませんでした。こんな一方的なプロパガンダが許されていいはずがありません。これでは国民は法案の中身を知ることさえできません。

肝心なことは、まず法案の中身という「ファクト」であり、次に、法案が提出された真の理由――特に中国や北朝鮮による近隣の危機でしょう。

こうした「ファクト」の報道そっちのけで、とにかく反対を言い募る――これは報道ではなく、国民の洗脳そのものではないでしょうか。

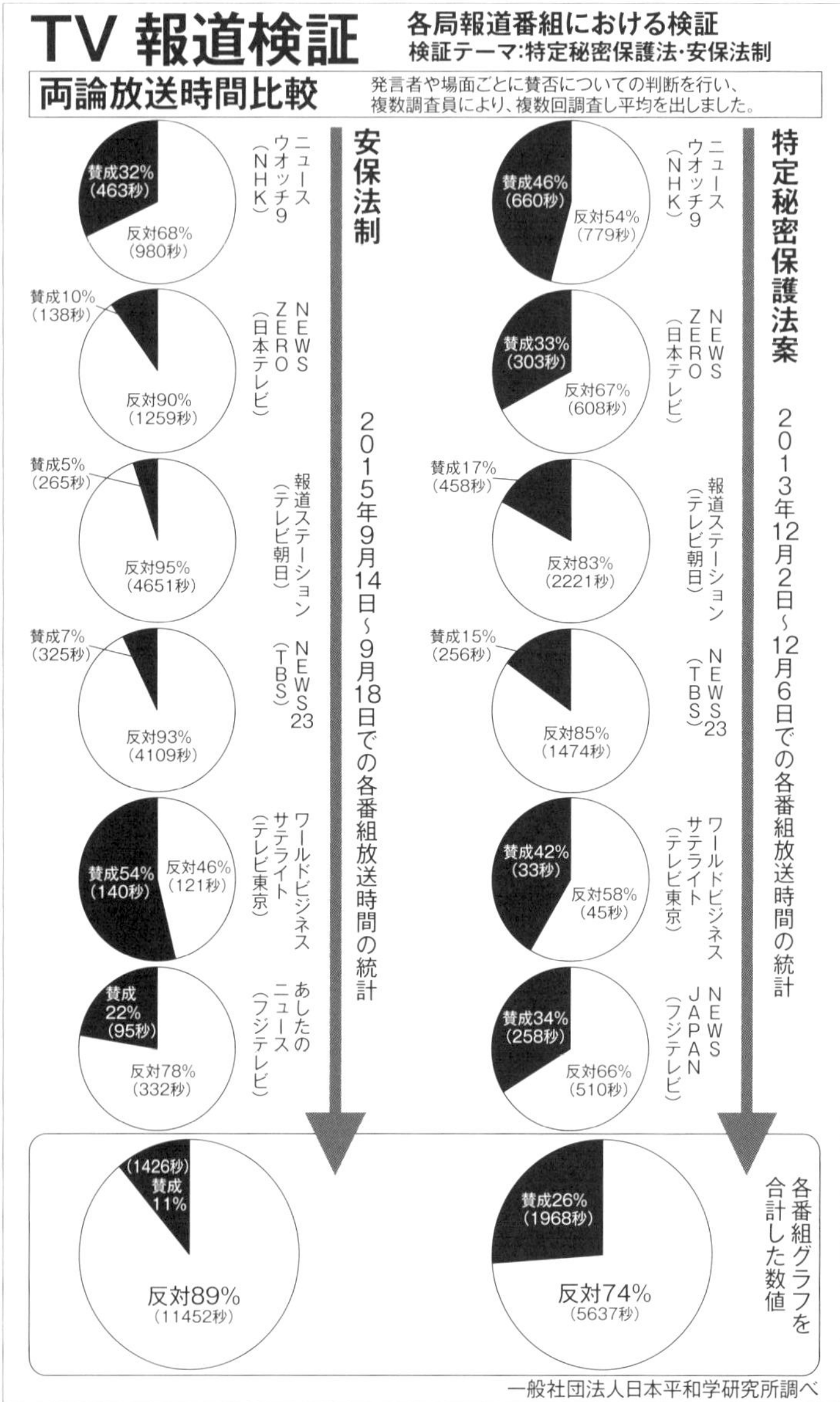

TV 報道検証

各局報道番組における検証
検証テーマ:特定秘密保護法・安保法制

両論放送時間比較

発言者や場面ごとに賛否についての判断を行い、複数調査員により、複数回調査し平均を出しました。

特定秘密保護法案

2013年12月2日~12月6日での各番組放送時間の統計

番組	賛成	反対
ニュースウオッチ9(NHK)	賛成46%(660秒)	反対54%(779秒)
NEWS ZERO(日本テレビ)	賛成33%(303秒)	反対67%(608秒)
報道ステーション(テレビ朝日)	賛成17%(458秒)	反対83%(2221秒)
NEWS23(TBS)	賛成15%(256秒)	反対85%(1474秒)
ワールドビジネスサテライト(テレビ東京)	賛成42%(33秒)	反対58%(45秒)
NEWS JAPAN(フジテレビ)	賛成34%(258秒)	反対66%(510秒)
各番組グラフを合計した数値	賛成26%(1968秒)	反対74%(5637秒)

安保法制

2015年9月14日~9月18日での各番組放送時間の統計

番組	賛成	反対
ニュースウオッチ9(NHK)	賛成32%(463秒)	反対68%(980秒)
NEWS ZERO(日本テレビ)	賛成10%(138秒)	反対90%(1259秒)
報道ステーション(テレビ朝日)	賛成5%(265秒)	反対95%(4651秒)
NEWS23(TBS)	賛成7%(325秒)	反対93%(4109秒)
ワールドビジネスサテライト(テレビ東京)	賛成54%(140秒)	反対46%(121秒)
あしたのニュース(フジテレビ)	賛成22%(95秒)	反対78%(332秒)
各番組グラフを合計した数値	賛成11%(1426秒)	反対89%(11452秒)

一般社団法人日本平和学研究所調べ

第3章

情報工作が紛れ込む危険地帯
——テレビによる北朝鮮報道

緊迫する北東アジア

現在の日本で最も重大な危機が北朝鮮問題であるのは論を待ちません。

北朝鮮は平成18（2006）年10月9日に初の核実験を行い、3年後の平成21（2009）年5月25日には2度目の核実験を行いました。

その都度国際社会は懸念を表明してきましたが、北朝鮮の核開発が加速するのはバラク・オバマ大統領の8年間でした。オバマ氏が掲げ続けた「戦略的忍耐」という、事実上の北朝鮮放置政策の中で、北朝鮮の軍事技術は急速に向上し、オバマ大統領任期の最後の年となった平成28（2016）年には、北朝鮮は2回の核実験、15の弾道ミサイル発射、その他4度の短距離発射体の発射という、国際社会の慣行からは考えられない暴走状態に入りました。レームダック化したオバマ政権末期を嘲笑うかのような開発のラストスパートぶりです。

オバマ氏の一見平和志向に見えるアプローチは完全に失敗したのです。

平成29（2017）年に入っても北朝鮮の核開発と大陸間弾道ミサイル（ICBM）発射実験は加速し続けます。

2月12日のミサイル発射を皮切りに何度も実験を繰り返し、8月29日には北海道の上空を通過しました。

しかしオバマ氏と違うのは、同年就任したドナルド・トランプ新大統領が北朝鮮の核開発を強い口調で非難し、米軍を実際に動かし始めたことです。

例えば4月25日には、米巡航ミサイル原潜ミシガンが韓国・釜山（プサン）に入港しました。ミシガンは巡航ミサイルのトマホークを154発も搭載できる米軍最大級の潜水艦です。

こうした中、8月29日、北朝鮮が発射したミサイルは日本のＥＥＺ（排他的経済水域）内に落下し、12道県にＪアラート（全国瞬時警報システム）というミサイル警報が発信され、日本国内にも混乱が起きました。

さらに、9月3日には北朝鮮はＩＣＢＭ搭載用の水素爆弾の実験に「完全に成功した」と発表します。発生した地震規模からすると、爆発規模120キロトンの水爆実験に成功したと推定されます。実に広島型の8倍の破壊力です。次元の違う脅威に突入したと言うべきでしょう。

それを受けて翌日、アメリカのジェームズ・マティス国防長官は「われわれは北朝鮮を全滅させることは望んでいないが、多くの軍事的な選択肢がある」と会見で述べ、12日には国連安全保障理事会（安保理）が制裁決議を採択しました。
トランプ大統領の悪罵はもう世界中でお馴染みですが、冷静な軍人出身のマティス氏の発言はアメリカの本気度を伝えるものだったと言えるでしょう。更に15日、北朝鮮は再び日本上空を通過するミサイルを発射し（平成29年14回目）、19日には、トランプ大統領が「アメリカは北朝鮮を完全に破壊する」などと発言しました。

こうした中、日本における安全保障上の最も重要なポイントは、安倍首相が、オバマ大統領、トランプ大統領のどちらとも、日米同盟の強化と堅持、尖閣諸島や北朝鮮危機に際して日本を守るという強い言質を繰り返し取り続けたことです。このような具体的な日米安保条約の履行、日本の平和への保証、日米同盟の堅持をアメリカ大統領が繰り返し口にすることはかつてなかったことなのです。

安倍首相が、多年日本の政権が手を付けられなかった安保法制による集団的自衛権の行使と、特定秘密保護法による軍事機密の保護を確保したため、日米の軍事的な緊密度が上がり、アメリカ大統領が日本の安全保障について踏み込んだ発言をできる環境が整ったのです。こうして日本への攻撃は直ちにアメリカの反撃を呼び、それは取りも直さず北朝鮮の滅亡に繋がることが米大統領によって明確に確認され続けることとなりました。

長年自主防衛を国民的に議論してこなかった日本では、国家としては情けないことですが、現時点でこれ以上確かな保障はありません。

もちろん、アメリカ大統領の発言がここまで踏み込みを見せているのは、中国の挑発や北朝鮮の核保有が現実に日米同盟を脅かす危険が増しているからでもあります。その意味で危機の現実味は上昇を続けていると言っていいでしょう。

しかしそもそも論として、「北朝鮮問題」とは何なのか。その認識が抜け落ちていては、問題は見えてきません。

世界を騙した北朝鮮

実は、その基本を最も手っ取り早く要約している文章があります。

９月21日、国連本部での安倍首相の演説全文がそれです。

ここではまずこの安倍演説を丁寧に読み解くことから話を始めてみましょう。

「私は、私の討論をただ一点、北朝鮮に関して集中せざるを得ません。

平成29年9月3日、北朝鮮は核実験を強行した。それが、水爆の爆発だったかはともかく、規模は、前例をはるかに上回った。

前後し、8月29日、次いで北朝鮮を制裁するため安保理が通した決議2375のインクも乾かぬうち9月15日に、北朝鮮はミサイルを発射した。いずれも日本上空を通過させ、航続距離を見せつけるものだった。

脅威はかつてなく重大です。眼前に、差し迫ったものです。

我々が営々続けてきた軍縮の努力を、北朝鮮は、一笑に付そうとしている。不拡散体制は、その史上、最も確信的な破壊者によって、深刻な打撃を受けようとしている。

議長、同僚の皆様、この度の危機は、独裁者の誰彼が大量破壊兵器を手に入れようとする度、我々がくぐってきたものと、質において次元の異なるものです。

北朝鮮の核兵器は、水爆になったか、なろうとしている。その運搬手段は、早晩、ICBMになるだろう。

冷戦が終わって二十有余年、我々は、この間、どこの独裁者に、ここまで放恣にさせたでしょう。北朝鮮にだけは、我々は、結果として、許してしまった。

それは我々の、目の前の現実です。

かつ、これをもたらしたのは、対話の不足では、断じてありません」

なぜ安倍首相は演説の大半を北朝鮮問題に当てたのでしょうか。

それは、北朝鮮問題の歴史的経緯と、北朝鮮がＩＣＢＭと核兵器を保有することの深刻さを、世界の首脳たちがあまり理解していないと考えたからでしょう。世界の安全保障の火種は、米ソ冷戦後は、主として中東の独裁国家によるもので、北朝鮮は長年世界的な危機の主流ではなかったからです。

安倍首相は、そうした国際社会の無関心の中で、北朝鮮が特殊な独裁国家として核搭載大陸間弾道ミサイルを所有することが「次元の違う危機」だと訴えています。

核兵器――この極端な殺傷能力を持った兵器はアメリカが第2次大戦末期広島・長崎に投下した後、使用こそタブー視されたものの、米ソ冷戦時代に大国によって量産され続けました。アメリカとソ連に続いて、昭和27（１９５２）年にイギリス、昭和35（１９６０）年にフランス、昭和39（１９６４）年に中国、昭和49（１９７４）年にインドが原子爆弾を開発・保有し、最盛期にはそれぞれ、アメリカ合衆国は昭和41（１９６６）年に約3万２００0発、ソ連は昭和61（１９８６）年に約4万５０００発、イギリスは昭和56（１９８１）年に350発、フランスは平成4（1992）年に540発、中国は平成5（1993）年に435発を保有するに至りました。

そうした中、昭和43（1968）年に国連総会で核拡散防止条約（NPT）が採択されます。これはアメリカ、ソ連、イギリス、フランス、中華人民共和国（国連5大理事国）のみを国際的に認められた「核兵器保有国」とするもので、他の国は兵器の開発・製造は禁止し、「核の平和利用」に限定するよう定めたものです。

しかし、核兵器の所有は、究極の安全保障であるため、核保有を目指す国は後を絶ちません。またソ連が崩壊した後、技術者や核兵器の流出は今日まで続いていると見られています。現在、核保有国は前記の5か国に加え、NPTを批准していないインド、パキスタン、保有が確実視されているのがイスラエル、開発疑惑国がイラン、シリア、ミャンマーです。

このような国際環境の中で、北朝鮮は、とりわけ近年、国際社会が再三対話の機会を設け、また非難決議を繰り返したにもかかわらず、核開発を続けました。更に、ICBMの開発が間もなくアメリカ本土に届こうとしています。しかし、そもそもICBMの配備国は、現在アメリカ、ロシア、中国のみであり、他の核保有国は配備していません。インドの核はパキスタンからの防衛、パキスタンの核はインドからの防衛に限定されており、世界戦争を惹起する挑戦的な性質のものではありませんでした。

それを、北朝鮮のように選挙も集団指導体制もない完全な独裁国家が、核搭載のＩＣＢＭを手に入れる――これがどれほど異常なことかを安倍首相は国際社会に訴えたのです。

しかし北朝鮮においてのみ、なぜそんな特殊な事態を招いてしまったのでしょうか。

北朝鮮による核開発は１９５０年代からとされていますが、本格的な核開発は昭和61年、寧辺（ニョンビョン）でプルトニウム抽出施設の建設を始めた頃からです。この動きが加速されたのはソ連の崩壊後、社会主義独裁の維持が世界的に困難になり孤立したためでした。

当初こそ国際社会に歩調を合わせるふりをしていましたが、国際原子力機関（ＩＡＥＡ）の査察により核開発疑惑が浮上すると、以後北朝鮮は査察を拒否するようになります。

その中で、アメリカが北朝鮮との対話に応じることで核開発は回避されたかに見えました。

ここから先の展開は再び安倍首相の演説に聞いてみることにしましょう。

「対話が北朝鮮に、核を断念させた、対話は危機から世界を救ったと、我々の多くが安堵したことがあります。一度ならず、二度までも。

最初は、１９９０年代の前半です。（略）

幾つか曲折を経て、１９９４年10月、米朝に、いわゆる枠組み合意が成立します。

核計画を、北朝鮮に断念させる。その代わり我々は、北朝鮮に、インセンティブを与えることにした。

日米韓は、そのため、翌年の３月、ＫＥＤＯ（朝鮮半島エネルギー開発機構）をこしらえる。これを実施主体として、北朝鮮に、軽水炉を２基、つくって渡し、また、エネルギー需要のつなぎとして、年間50万トンの重油を与える約束をしたのです。

これは順次、実行されました。ところが、時を経るうち、北朝鮮はウラン濃縮を次々と続けていたことが分かります。

核を棄てる意思など、元々北朝鮮にはなかった。それが、誰の目にも明らかになりました。発足７年後の２００２年以降、ＫＥＤＯは活動を停止します。

北朝鮮はその間、アメリカ、韓国、日本から、支援を詐取したと言っていいでしょう。

インセンティブを与え、北朝鮮の行動を変えるという、ＫＥＤＯの枠組みに価値を認めた国は、徐々に、ＫＥＤＯへ加わりました。

欧州連合、ニュージーランド、豪州、カナダ、インドネシア、チリ、アルゼンチン、ポーランド、チェコそしてウズベキスタン。

北朝鮮は、それらメンバー全ての、善意を裏切ったのです。創設国の一員として、日本はKEDOに無利息資金の貸与を約束し、その約40パーセントを実施しました。約束額は10億ドル。実行したのは、約4億ドルです」

北朝鮮に核兵器開発を断念させ、代わりに経済的に行き詰まっていた北朝鮮のエネルギー開発を米韓日で支援する枠組みを作ったわけです。その支援の輪は多くの国の参加へと広がり、日本も約4億ドルを拠出したが、結局それは核開発のために詐取されてしまったと安倍首相は言います。

しかしここで安倍首相は重大な事実への言及を避けています。

この合意の前にアメリカは北朝鮮への軍事作戦を検討していたのです。アメリカは北朝鮮の核開発資源を持ち込む船舶を臨検する海上封鎖と核施設のピンポイント攻撃を検討していました。が、当時既に北朝鮮から韓国向けミサイルが数千発配備されており、国境付近のソウルの被害が甚大になる可能性がありました。サイバーや情報収集力が発達した現在と違い、当時のアメリカの軍事力では報復を封じることが困難だったのも事実です。韓国大統領金泳三（キムヨンサム）氏（当時）が強い難色を示し攻撃は中止となりました。金氏は後に、自分が待ったをかけたため北の核武装が成功したことを後悔している旨の証言が、ウィキリークスとして流出した文書に記録されています。

こうして、アメリカは対北政策の軍事行動を放棄し、「対話」路線に絞ったわけです。

その結果どうなったのでしょうか。

「KEDOが活動を止め、北朝鮮が、核関連施設の凍結をやめると言い、IAEA査察官を追放するに及んだ、2002年、2度目の危機が生じた。

懸案はまたしても、北朝鮮がウラン濃縮を続けていたこと。そして我々は、再び、対話による事態打開の途を選びます。

KEDO創設メンバーだった日米韓3国に、北朝鮮と、中国、ロシアを加えた、六者会合が始まります。2003年、8月でした。

その後、2年、曲折の後、2005年の夏から秋にかけ、六者は一度合意に達し、声明を出すに至ります。

北朝鮮は、全ての核兵器、既存の核計画を放棄することと、NPTと、IAEAの保障措置に復帰することを約束した。

その更に2年後、２００7年の2月、共同声明の実施に向け、六者がそれぞれ何をすべきかに関し、合意がまとまります。

北朝鮮に入ったＩＡＥＡの査察団は、寧辺にあった、核関連施設の閉鎖を確認、その見返りとして、北朝鮮は、重油を受け取るに至るのです。

一連の過程は、今度こそ、粘り強く対話を続けたことが、北朝鮮に行動を改めさせた、そう思わせました。

実際は、どうだったか。

六者会合の傍ら、北朝鮮は２００５年2月、我々は、既に核保有国だと、一方的に宣言した。

さらに２００６年の10月、第１回の核実験を、公然、実施した。

2度目の核実験は、２００９年。結局北朝鮮は、この年、再び絶対に参加しないと述べた上、六者会合からの脱退を表明します。

しかもこの頃には、弾道ミサイルの発射を、繰り返し行うようになっていた」

つまり、最初の米朝対話も、中国、ロシアを加えた六者会合も、実は、北朝鮮の核＝ＩＣ

ＢＭ開発のための時間稼ぎに利用されていたに過ぎなかったのです。

国連で北朝鮮を告発した安倍首相

日本のメディアでは何かあるごとに「対話」を強調し、安倍首相が圧力一辺倒であることが、北朝鮮を暴発させ、危険であるかのように報じます。

しかし問題は「対話」の有効性なのです。「対話」路線の結果何が生じたかを安倍首相が国際社会に次のように告発する時、私たちは、既存の秩序を守ろうとしない者が核を持つ事態の深刻さに思い至らざるを得ないでしょう。

「議長、同僚の皆様、国際社会は北朝鮮に対し、１９９４年からの十有余年、最初は枠組み合意、次には六者会合によりながら、辛抱強く、対話の努力を続けたのであります。

しかし我々が思い知ったのは、対話が続いた間、北朝鮮は、核、ミサイルの開発を、諦めるつもりなど、まるで、持ち合わせていなかったということであります。

対話とは、北朝鮮にとって、我々を欺き、時間を稼ぐため、むしろ最良の手段だった。

何よりそれを、次の事実が証明します。

すなわち1994年、北朝鮮に核兵器はなく、弾道ミサイルの技術も、成熟に程遠かった。

それが今、水爆と、ICBMを手に入れようとしているのです。

対話による問題解決の試みは、一再ならず、無に帰した。

何の成算あって、我々は三度、同じ過ちを繰り返そうというのでしょう。

北朝鮮に、全ての核、弾道ミサイル計画を、完全な、検証可能な、かつ、不可逆的な方法で、放棄させなくてはなりません。

そのため必要なのは、対話ではない。圧力なのです」


極めて深刻で本質的な告発ではないでしょうか。

ある独裁国家が、対話という手段を悪用しながら、20年で水爆とICBMを手に入れた。それを容認すれば、今後、国際社会と歩調を合わせる配慮をしない独裁国家、更には非国家組織への核拡散は留め難くなり、国連＝アメリカ＝G7＝G20の枠組みに挑戦する新たな核保有国群が誕生し、しかも核保有独裁国家や集団が連携してゆく悪夢が訪れるかもしれません。

核兵器は第2次世界大戦時に、ナチスドイツ、大日本帝国、アメリカ、ソ連が開発に着手していました。誰が所有しようと悪魔の兵器と呼ぶ他ないものです。絶対悪と言ってもいいでしょう。しかし既に地球を何十回も壊滅させられるほどの核兵器が地上には存在し、所有している国があり、今彼らが一斉に全面放棄することは考えられません。

現状では、核保有国は互いに使用を事前察知し合い、核攻撃をすれば自国も報復を受けるシステムの中にあります。独裁国家や核使用に暴発する可能性の高い国への核拡散は今のところ辛うじて防げていると言っていいでしょう。

したがって、現実問題としては、核兵器をこれ以上流出させないこと、特に、相互抑止が可能な範囲、理性的に使用を抑制し得る国家以外の人たちへと核兵器が拡散しないよう徹底的に核の国際管理を強め続けるしか手立てはありません。

その意味で安倍首相が、歴史的な経緯を丁寧に振り返りながら北朝鮮を告発した内容は、地球の平和維持の上で極めて重要な指摘なのです。

続けて安倍首相は拉致問題、アメリカの北朝鮮への強い姿勢に言及し、更に国連の北朝鮮への制裁決議を評価した上で次のように訴えます。

「しかし、あえて訴えます。

北朝鮮は既に、ミサイルを発射して、決議を無視してみせました。

決議は飽くまで、始まりにすぎません。

核、ミサイルの開発に必要な、モノ、カネ、ヒト、技術が、北朝鮮に向かうのを阻む。

北朝鮮に、累次の決議を、完全に、履行させる。

全ての加盟国による、一連の安保理決議の、厳格かつ全面的な履行を確保する。

必要なのは、行動です。北朝鮮による挑発を止めることができるかどうかは、国際社会の連帯にかかっている。

残された時間は、多くありません。

議長、御列席の皆様、北朝鮮はアジア・太平洋の成長圏に隣接し、立地条件に恵まれています。勤勉な労働力があり、地下には資源がある。

それらを活用するなら、北朝鮮には経済を飛躍的に伸ばし、民生を改善する途があり得る。

そこにこそ、北朝鮮の明るい未来はあるのです。

拉致、核、ミサイル問題の解決なしに、人類全体の脅威となることで、拓ける未来など、あろうはずがありません。北朝鮮の政策を、変えさせる。そのために私たちは、結束を固めなければなりません。ありがとうございました」

安倍首相は二つのダイナミックな提言をしています。

第一に、これまで4半世紀の「対話」や数々の非難決議、制裁決議が一向に効き目がなかったことを踏まえ、「核、ミサイルの開発に必要な、モノ、カネ、ヒト、技術が、北朝鮮に向かうのを阻」み、「北朝鮮に、累次の決議を、完全に、履行させる」国際社会の「行動」が必要だと、強硬な態度を表明している点です。

北朝鮮に流入するモノは中国による原油、また、ヒトはヨーロッパから広く入り、技術はロシアを軸にした反米側の高度人材の流入と考えられます。国際政治の文脈だけで見れば、アメリカ一極支配に対して、ロシアや中国がテクノクラート、物資、人脈を北朝鮮に投入しながら、陰でアメリカとの対抗軸の役割を北朝鮮に演じさせていると言い換えてもいいでしょう。

しかし事が核搭載ＩＣＢＭを独裁国家に所有させる話となれば、そうしたロシアや中国のコントロール自体が不可能になる可能性が出てくるのは論を待ちません。

安倍首相の、制裁への強い主張は、単に日本への核配備のみならず、世界への核不拡散の上で極めて合理的なものでしょう。

しかし、一方で安倍演説は北朝鮮の活路をも提言しています。北朝鮮が「勤勉な労働力」と「地下資源」に恵まれていることに言及し、経済成長路線を選択するよう強く求めているのです。「地下資源」の豊富さは客観的な事実ですが、注目すべきは「勤勉な労働力」への言及です。核軍事力や資源に依存するロシアや中東と異なり、「勤勉な労働力」による経済成長が北朝鮮には可能だというのは、北朝鮮の内部情報を踏まえた現実的な提言だと思います。

国連演説を大きく報じない日本のメディア

こうして、核放棄による経済成長という北朝鮮への路線変更を求めたのが安倍首相の国連演説の核心です。

日本の命運のみならず、世界の核をどうコントロールすべきかの上でも重大なメッセージを含む演説と言えますが、日本の報道はこれをどう伝えたでしょうか。

翌日の新聞各紙の扱いは以下の通りです。

・朝日新聞1面トップ：糖尿病1000万人（厚生労働省計 23％治療せず）
※3面：日米首脳 際立つ圧力（対北朝鮮 首相「対話、無にした」）
・読売新聞1面トップ：糖尿病 初の1000万人（厚生労働省計 高齢化が影響）
※1面・2：米、新たな独自制裁（トランプ氏発表 北へ圧力強化）
・日経新聞1面トップ：脱・金融危機対応へ一歩（資産縮少 FRBが先行）
・産経新聞1面トップ：米、さらなる対北制裁（貿易企業など対象拡大）「首相、国連で制裁完全履行訴え」

北朝鮮がICBMを日本上空に飛ばし、水爆実験を敢行した直後、危機の只中の日本の首相が、国連で北朝鮮について演説をした。

それを1面トップにした新聞がない。

演説内容への肯定・否定以前に優先順位の感覚そのものが信じ難い気がします。

確かに、核保有国でもなく９条でがんじがらめとなっている日本には、北朝鮮の行動を改めさせる力はありません。

しかし、先の安倍首相演説は国際社会や北朝鮮自身が方向を定める上で、大きな指針となる内容を含んでいます。

トランプ大統領は北朝鮮を口汚く非難するだけ、中国やロシアは北朝鮮の背後勢力であり、韓国には親北政権が誕生している。これらの国は、誰もまともに北朝鮮危機に向き合っているとは言えません。

その中で、民生が壊滅的で、経済力を見てもＧＤＰは３００億ドルから４００億ドル、沖縄県などと同程度の独裁国家が、核弾頭付ＩＣＢＭの、世界で４番目の保有国となる所まできた時に、日本の首相が国連で今紹介したような演説をした。

それがどうして日本の新聞にこれほど軽んじられるのか、理解に苦しみます。

いや、軽視どころか朝日新聞の社説は口を極めて安倍首相を非難しました。

〈圧力の連呼で解決できるほど朝鮮半島問題は単純ではない。危機をあおることなく、事態を改善する外交力こそ問われているのに、日米首脳の言動は冷静さを欠いている。

ニューヨークの国連総会での一般討論演説である。各国が北朝鮮を批判し、国際社会として懸念を共有したのは前進だ。

しかし、当事者であるトランプ米大統領と安倍首相の強硬ぶりは突出し、平和的な解決をめざすべき国連外交の場に異様な空気をもたらした。

「米国と同盟国を守らなければならない時、北朝鮮を完全に破壊するほか選択肢はない」（トランプ氏）。「対話による問題解決の試みは、無に帰した」「必要なのは対話ではない。圧力だ」（安倍氏）〉（平成29年9月23日）

演説全文をきちんと読めば分かるように、安倍首相は北朝鮮問題の経緯を丁寧に説明しているのであって、圧力を連呼してなどいませんでした。冷静さを欠いているどころか、極めて具体的で冷静な議論ではなかったでしょうか。

何よりも、北朝鮮の核武装は、日本国民の生命に直接関係します。高みの見物のようなことを偉そうに書いている暇が日本の新聞にあるのでしょうか。

テレビの洗脳性の高い危険な手法

　ではテレビ報道はどうだったのでしょう。

　演説は日本時間午前３時過ぎからでした。たった20分足らずの演説ですが、演説全部を中継したのはＮＨＫのみです。

　その日の朝以降の報道やワイドショーでテレビ各局が強調したのは、やはり安倍首相が「必要なのは対話ではなく、圧力なのです」と断言した場面でした。

　次いで、北朝鮮を「（軍縮と核不拡散体制の）史上最も確信的な破壊者」などと強く非難したことが大きく報じられました。また、これに関連して、アメリカのトランプ大統領が「（同盟国を守るためにやむを得ない場合は）北朝鮮を完全に破壊せざるをえない」などと発言したことに触れた上で、安倍総理の演説がトランプ大統領の発言と呼応していることが指摘されました。その上で、フランス大統領などが対話の必要性を強調していることを紹介し、トランプ―安倍の圧力路線を際立たせようとする報道も目立ちました。しかし、安倍首相は演説に先立ってフランス大統領と会談し、制裁の完全な履行で一致しているのです。

また、安倍首相の演説に先立って行われた「核兵器禁止条約」の署名式を合わせて報じる番組も多く見られました。この署名式を伝える際、アメリカの〝核の傘〟に守られている日本が条約に反対していることと、日本から被爆者が参加していて「日本こそ条約に署名して、他の国にも参加するよう呼びかけるべき」との意見を述べていることを紹介していました。

呆れた話です。今、日本にとって喫緊の「核」問題は、現状で核兵器を保有する意思の全くない日本が条約に加盟するかどうかではありません。北朝鮮の核の恐怖です。

そもそもこの条約には、核保有国のみならず、アメリカの核の傘に守られているNATO加盟国、韓国、日本は原理的に参加できません。日本の立場はむろん核不拡散と全廃に向けた軍縮ですが、現実に核の均衡の中でアメリカの核の傘に守られている以上、核兵器を禁止する条約に入れないのは当然です。

被爆者もまた、アメリカの核に守られているのです。被爆を口実に日本政府を非難する暇があれば、北朝鮮の核への反対を強く国際社会に訴えるのが筋なのではないでしょうか。

こんな調子ですから、安倍首相の演説については「圧力」路線として批判的に報じるのみで、演説末尾で北朝鮮の明るい未来の可能性に触れたことを報道したテレビは皆無でした。

また安倍首相の「史上最も確信的な破壊者」という演説中の文言は、実際には「軍縮と核不拡散体制に対する史上もっとも確信的な破壊者」という文脈で述べられているのに、多くの報道はこの点を端折って伝えています。これでは安倍首相がトランプ氏と呼応して北朝鮮をただ悪者にしているような印象になってしまうでしょう。

先ほどご紹介したように安倍演説はトランプ的な挑発とは全く正反対のものです。実際、北朝鮮も演説後、安倍首相のことも日本のことも非難していません。安倍演説末尾の逃げ道の掲示を北朝鮮はサインと受け取ったのに違いありません。実際、この国連演説の前、安倍首相はロシアのウラジーミル・プーチン大統領、インドのナレンドラ・モディ首相と会談しています。どちらも技術供与や経済援助などで北朝鮮との関係を取沙汰される国です。その上で安倍首相はトランプ大統領と会い、かつ国連で演説をしている。安倍首相がそれぞれの首脳との間で通り一遍の圧力の話をして歩いたはずはないでしょう。

もちろん、テレビのコメンテーターからは、そうした外交の機微にわたる具体的な見解は殆ど出てきません。

八代英輝（弁護士）「各国が制裁を誠実に履行すれば、北朝鮮の状況は厳しくなってきているはず。（安倍首相が求めている圧力とは）国際社会、国連を通じた制裁の誠実な履行ということですね。ですからこの呼びかけというのは軍事的オプションを回避するための呼びかけでもあるんですよね」(TBS『ひるおび!』)

磐村和哉(いわむらかずや)(共同通信編集委員)「(トランプ大統領と安倍首相が歩調を合わせたことは)かなりのプレッシャーになると思いますが、逆にこれだけトランプ大統領と近いという存在感を安倍首相がアピールすることによって、北朝鮮に戦略的に利用させる、引き込む。つまりワシントンに行くにはまずちょっと東京に寄ってみようかというね、そういった考えを北朝鮮に持たせるということも安倍首相は、官邸は狙っているのかもしれません」(フジテレビ『とくダネ』)

これらは演説の解釈として、意味のあるコメントと言えるでしょう。

しかし大半は次のような、演説の読みがそもそも全くできていないコメントで占められていました。

室井佑月(むろいゆづき)(作家)「ここまで日本が言い切っていいのかなと思う。ちょっとでもドンパチになったら日本と韓国が一番被害を受けるわけで、アメリカは圧力と言っているけれど、いつどう変わるか分からない。その時にハシゴを外されちゃったら、日本だけに憎しみが残ったりするんじゃないかなと思うし、私はこの行動はどうなのかなと思う」（ＴＢＳ『ひるおび！』）

春名幹男（はるなみきお）（国際ジャーナリスト）「日本政府は建前として対話と圧力両方だったが今回は対話をやめるということで一歩を踏み出しちゃった。対話がなぜ必要かと言えば拉致問題がある」（ＴＢＳ『ひるおび！』）

星浩（ほしひろし）（キャスター）「国際社会が圧力を強めていくというのは当然のことなんですけれども、圧力と対話っていうのは０対１００じゃないんですね。この両方をうまく使って、北朝鮮を話し合いの場に引きずり出してくるっていうのが目標ですからね。圧力と対話っていうのはあくまで手段にすぎませんよね。そういう意味では一番問われているのはやっぱり外交の力、なんですよね。そういうところが今一つ、強調してもらいたかったですね」（ＴＢＳ『ＮＥＷＳ23』）

安倍演説をまるで理解していないコメントばかりです。

それにしても、感情的なコメントを売りにしている女性作家と、国際ジャーナリストや星氏のような朝日新聞の論説委員が同じレベルの発言をしているのに呆れます。はるかに精細な分析能力のある「専門家」は日本に幾らでもいるのですが。

しかしこの演説に対してとりわけ激しい非難を浴びせたのは、テレビ朝日『報道ステーション』でした。

後藤謙次（共同通信社客員論説委員・白鴎大学特任教授）「私は2点気になったところがあるんですね。一つは昨日のトランプ大統領の演説に呼応するかのような、非常に荒っぽい表現を使ったんですね。アメリカの『軍事オプションを排除しない』この強行圧力路線を支持したという点ですね。特に表現も非常に荒っぽい。これまでの歴代総理大臣の国連演説はですね、法の支配とか民主主義とか、世界的な普遍的な価値に基づいて日本は国際社会に貢献して行くんですよと、そういう演説だったんですが、安倍総理の演説はそれとやや一線を画したと。

それからもう一つ気になったのは、やはり国内向けにですね、この9月28日には衆議院が解散されます。その選挙を強く意識した演説ですね。北朝鮮の危機がこれだけ迫っているんだから、安定した政権が必要なんですよと、こうニューヨークから訴えた、というのが一つの特徴ですね。ただ全体としてですね、安倍総理は目的と手段をやや取り違えてしまっているんじゃないかという懸念があるんですね。目的というのはあくまでも北朝鮮の非核化であり、北朝鮮を対話の場に引きずり出すこと、それが目的なんですが、今、強硬路線一辺倒ということですね。逆に北朝鮮の暴発を招きかねない、そういう危機を抱え込むんじゃないかと、そんな懸念が含まれますね」

富川悠太（とみかわゆうた）（キャスター）「選挙目当てで危機を煽ったんじゃないかという見方を取られても仕方ないという」

後藤「そうですね、それだけの強い言葉の乱発でしたねえ」

後藤氏は比較的穏健で常識的なコメントの多い人ですが、これは本当に氏の考えなのでしょうか。それとも番組制作側の強い指示でこう喋らされているのでしょうか。

いずれにせよ頓珍漢（とんちんかん）な批判です。安倍首相の表現が荒っぽいのではなく、途方もなく荒っぽいことをしているのは北朝鮮なのです。

「目的というのはあくまでも北朝鮮の非核化であり、北朝鮮を対話の場に引きずり出すこと」だと後藤氏は言いますが、安倍首相はまさにその建前論が、北朝鮮の核武装を許してきたと語っていたのではないでしょうか。

ろくに演説を引用せずに、こんな見当外れな批判を垂れ流す。「ファクト」の報道を省いた適当なコメント――日本の政治報道では横行していますが、洗脳性の高い危険な手法です。

それにしても、国連演説が選挙対策であるかのような議論に至っては噴飯物という他ありません。

安倍首相の外交演説を日本のテレビ報道が賞賛と好意を以て伝えるなどということは、これまでただの一度もありませんでした。安倍首相が「圧力」を言えば、テレビは非難するに決まっている。選挙対策どころか、最初から国内の批判承知での安倍演説だったのではないでしょうか。

この日に限らず、テレビの北朝鮮報道には「危険」が一杯です。

少しさかのぼって見てみましょう。

北朝鮮の代弁者のようなコメンテーター

森友・加計報道が全盛だった平成29年3月から7月までは、北朝鮮危機などそっちのけという異常な状況が続きました。

しかしさすがに、森友・加計が一段落した8月以降は、北朝鮮危機は、夜の報道番組はもちろん、朝昼のワイドショーでも重要な緊急課題として扱われています。

各番組は、中国と北朝鮮の国境や、ソウルから中継を飛ばし、スタジオには専門誌『コリア・レポート』編集長の辺真一（ピョンジンイル）氏や、拓殖大大学院特任教授の武貞秀士（たけさだひでし）氏らを招き、地図や模型を用いてミサイルの飛行経路を詳細に示すなど、状況の報道は詳細になっています。Jアラートが初めて起動した際は、ミサイル発射から弾着までの数分間にどう対処するべきかという現実的な話を、専門家のアドバイスに基づいて、番組ごとに工夫して伝える様子がうかがえました。

一方で、コメンテーターの発言には北朝鮮に異常に同情的な誘導が多発しています。

事実についての客観報道とコメンテーターのいびつな発言が織り交ぜられるのがかえって

視聴者に対する洗脳になっているとの印象があります。

枚挙にいとまはありませんが、例えば、8月16日、『ひるおび!』（TBS）では、米韓軍事演習を巡り次のようなスタジオ内での発言がありました。

田中里沙（事業構想大学院大学学長）「ちょっとね、今日お話聞いていて思ったんですけどね、先ほどね、その国際法上ね、米韓合同軍事演習はOKだけど、北朝鮮がグアムに（届く）ミサイルを作るのは、違反していると。ただ、北朝鮮の論理で言えば、自分の近くで（日韓合同演習を）やってるんだから、グアムなんて（アメリカ）本土からすごい離れているし、これも一つの訓練でしょ、って言えば、どうやって国際的に、アメリカが正しくて、北朝鮮のやってることが間違ってるというのか、って言われてしまうと、やっぱり、あ、そうかなって思う部分もあるんですよね」

田中氏は大学の学長だということですが、いったい何を専門としているのか。いずれにせよ驚くべき発言です。

この章の最初に書いたように、核兵器そのものが悪魔の兵器であり、保有も使用も絶対悪だと私は考えます。先行する国々だけが大量に核を持っているのに、後続する国は持てないということに、原理的には何ら正当な理屈はありません。

しかし、核が拡散し続ければ核戦争の確率は急速に上がり続ける以上、国際社会は、核不拡散に全力を挙げる以外道はない。現実問題としてはこれが問答無用の正論なのです。そして今、北朝鮮は20年間国際社会を騙し続けながら、それを破ろうとしています。

国際法理上、「アメリカが正しくて、北朝鮮のやってることが間違ってる」と言えるかどうかが主題なのではありません。

主題は北朝鮮の核ミサイル保有を許すか否かです。

米韓軍事演習は、北朝鮮の核ミサイル保有への威嚇であり、これは米朝それぞれにお互い様、という話では全くないのです。

ところが、こんな発言はテレビでは序の口です。北朝鮮ミサイルが日本上空を通過した8月29日の『情報ライブ ミヤネ屋』（読売テレビ）に至っては、考えられないほどひどい。

テリー伊藤（いとう）「僕ね、もう一つ大事なポイントは、先ほどから朝からずっとですね、北朝鮮の挑発って言葉を使いますけども、北朝鮮の立場で考えると、挑発してるのは米韓なんだと。

米韓の合同演習、あれはそれまではするなと言ってるにもかかわらず、トランプさんは無視してそれをやったわけじゃないですか。これは凄くやっぱり、北朝鮮側としては、本当にやはり怒ってると思うんですね。で、日本の立場って、一番大事なのは平和だと思うんですよ。日本はなぜそれじゃあ、アメリカに対して、米韓合同演習を今この時期にやる必要があるんですかっていうようなことは、日本は本当は言うべきだと思うんですよ（司会者「なるほど」）。これは凄く大切なことで、ただ北朝鮮というのはすごくプライド、自負はあるんですけどもう一方では恐怖心があります。他国には分からない『自分の国をなくす』という、失うという恐怖心というのは、世界で一番持ってますよ。１９３０年（実際には１９１０年）から35年間、ずっと日本に統治されていたというこの恐怖心の中で、また統一されてしまうんじゃないか。そういうことを考えると、いたずらに日本は煽る立場じゃないんですよね。それで一番巻き込まれるのは、先ほども襟裳岬に落とされるのは、お灸落とされるのは、日本ですよ」

　田中氏がおずおずと北朝鮮の立場に立っていたのに比べ、テリー伊藤氏は北朝鮮の代弁者そのものになっている。堂々とし過ぎていて不気味です。

「他国には分からない『自分の国をなくす』という、失うという恐怖心というのは、世界で一番持ってますよ」というのもおかしな話です。冷戦後、アメリカ側から北朝鮮の体制崩壊が謳られたことはありません。中国と金王朝とは緊張関係が続いていますが、核開発は元来北朝鮮を潰す意志のないアメリカに向けられています。

まして大日本帝国時代の統治についてこんなところで持ち出すのはナンセンスです。この統治については様々な評価があります。議論が長くなるので触れませんが、今の日本には北朝鮮の独立を何ら脅かす可能性などなく、北朝鮮は９条幻想下にいる軟弱な日本に恐怖心など抱いていないに決まっているからです。

金王朝の最大の脅威はアメリカではなく国内の民心とクーデターでしょう。自分の統治責任を果たさずに、核ミサイル開発に現を抜かすなど言語同断でしかありません。

北朝鮮の独裁でどれだけ悲惨な粛清と国民生活の犠牲が続いているかを指摘・糾弾せずに、これだけ執拗に日本のテレビ番組が、日米韓側を悪者に見せるのは、異常です。

その上、テリー伊藤氏は北朝鮮のミサイルを日本に対する「お灸」に見立てています。頭の中が完全に北朝鮮の論理と心情に支配されているとしか思えません。コメンテーターの降板を最も強く求めたい人物の一人と言えるでしょう。

北朝鮮の核武装容認を先導する『ミヤネ屋』

しかし、この番組の北朝鮮報道は、単なる発言者個々人の見解を越えて、明らかに、全体として不可解であり、制作者そのものに北朝鮮の内通者がいると断定していいように思います。

次に列記するように、司会者の宮根誠司(みやねせいじ)氏の誘導が、あまりにも北朝鮮寄りであり過ぎるからです。

「これ、辺(真一)さんね、北朝鮮は、何があってもとにかく核開発だ、そしてミサイル開発だ、と。自分たちは核保有国として認められたいんだというところがあって、アメリカの世論なんかもう、北朝鮮を、核保有国として認めて交渉すべきだという人が結構いるんですよね。このあたりどうなんですかね?」

「まあこれ岩田(いわた)(公雄(きみお))さんね、習近平さんともあわないと。非常に年齢が若いから、なめられるんじゃないか、相手にされないんじゃないかって我々は思ってた。これだけ核実験をやる、それかミサイルを発射する。それはアメリカに振り向いてほしいからだって我々がずっと思ってたのは、実は違ってて、北朝鮮金正恩（キムジョンウン）委員長は、自分たちはあくまでも実験を繰り返していて、核保有国だ、そして核ミサイルをアメリカ本土まで飛ばせる能力を持ったっていうところを堅持して、対等に話し合うっていうその一点なのかもしれませんね」

「舘野（たての）（晴彦（はるひこ））さんね、お父さんの時代からね、様々な揺さぶりをかけてきて、瀬戸際交渉と言われた。そしてそこから、金正恩委員長に変わったんですけども、やはりこの人は非常にしたたかに、どういうふうにしたら対等に米中と渡り歩いて行けるのか、考えている人なのかも知れないですね」

宮根氏その人に、仮に北朝鮮に縁故かシンパシーが何らかの意味であったとしても、今の日本の国民感情を踏まえれば、司会者の独断で、これだけ露骨な北朝鮮寄りの誘導を繰り返すのは、まず不可能でしょう。

番組構成側の強い指示によると考えざるを得ません。

そもそも宮根氏が必ず金正恩氏を「委員長」という肩書付きで呼ぶのも不自然です。指示がなければあり得ないことでしょう。

また、アメリカの世論が北朝鮮の核保有を容認しつつあるとは明らかな日本世論の誘導です。「非常にしたたかに、どういうふうにしたら対等に米中と渡り歩いて行けるのか考えている人」との金正恩評も日本のテレビの司会者の発言とは思えません。人気番組の司会者が、日本近海にミサイル発射を繰り返し、日本を火の海にすると発言をし、無数の残虐な粛清を繰り返している独裁者を賞賛していることになるからです。

では番組全体の誘導目標はどこだと想定されるでしょう。

テリー伊藤「北朝鮮にとってね、実は、核というのは国防なんですよ。別に攻めるわけじゃない。別にナチスと違って、他国の領土を取ろうとしているわけじゃないんですよ。自分の領土を守るってことが大前提にあるんですね。ここが大きなポイントだと思いますよね」

宮根誠司「だから中国があって、韓国があって、その真中にクッションのように北朝鮮がある。中国人民軍がいる、在韓米軍がいる、そのクッションのような役割を示していた北朝鮮。じゃあこれはなかなか北朝鮮という国を、韓国と統一させるというのは、地理的状況からいうと無理だろうってていうふうに言われてた、その間隙をもって北朝鮮っていうのは、自分たちの体制を維持するために、コツコツコツコツコツと技術開発を進めてきて、それが今ぐわーっと出てきてる」

テリー伊藤「その通りですね。１９８０年まで韓国と北朝鮮は経済的には一緒でしたよ。それが圧倒的に韓国のほうが伸びていって金日成（キムイルソン）さんも言ってるんですね、韓国に負けてると。でもここで起死回生でひっくり返すには核しかない。核を外すってことは侍が刀をとられるのと一緒で絶対にしませんよ」

宮根「今や北朝鮮にとってはそうですね」

テリー伊藤「そうですね！」

要するに北朝鮮は核武装によって自国を保全するだけで、秩序変更や平和の脅威にはならないから核保有を認めろ――これが番組自体が主張していることなのです。

テリー伊藤氏の特殊な発言ではなく、司会者の宮根氏の強力な誘導と一対をなしているのは、以上一番組の断片だけでも明らかでしょう。『情報ライブ ミヤネ屋』の制作責任者――部署に、明確な情報工作の意図があるのではないか。

内部調査、氏名公表、他の北朝鮮報道も大規模に調査し、北朝鮮の政治プロパガンダが潜り込んでいる全貌を徹底的に暴くことを、国会に請願する運動を始めるべきだと思います。

このような番組を報道の自由の名の下に容認するのは日本の自殺に他なりません。

第4章

『報道ステーション』という「罠」

テレビ報道を変えた『ニュースステーション』

さて、こうした番組個々の報道姿勢に潜む病理は、非常に深刻で、広義にわたっています。第3章では、北朝鮮問題を取り上げてゆく中で、『情報ライブ ミヤネ屋』の闇に辿り着いたわけですが、この章では、逆に民放ニュース番組のトップランナーであるテレビ朝日系列の『報道ステーション』という一番組にスポットライトを当ててみましょう。

この番組は、昭和60（１９８５）年10月に『ニュースステーション』として放送が開始されました。当時のキャスターはメインが久米宏（くめひろし）氏、ニュース解説が朝日新聞編集委員の故小林一喜（こばやしかずよし）氏、女性キャスターが小宮悦子（こみやえつこ）氏という顔ぶれでした。

それまでテレビのニュースと言えば、昭和37（１９６２）年に放送を開始した『ＪＮＮニュースコープ』（ＴＢＳ）という夕方20分枠の番組はあったものの、基本的にはＮＨＫの一人舞台でした。

平日プライムタイムでの1時間超に及ぶワイド編成の報道番組に民放が挑戦するのは、大胆な試みだったのです。

昭和40年代から、テレビは夜の家族の暮らしの主役でした。時代劇、ホームドラマ、歌謡番組、お笑い番組、ドキュメンタリー、プロ野球のナイター中継などがしのぎを削るように丁寧に作られ、大家族の場合は、おじいちゃんと孫がチャンネルの取り合いをするなどということもしばしばでした。

時代劇一つを取ってみても『水戸黄門』『江戸を斬る』『遠山の金さん』『銭形平次』『鬼平犯科帳』などをはじめ、今も多くのファンを持つ名番組が曜日ごとに各局で競って制作され、一方、１９８０年代に入ると、時代の若者の心をつかむトレンディードラマも盛んになります。

この頃だとて、報道の重要性が低かったわけではありません。

時代は冷戦による国際緊張下、自民党政権と大企業がタッグを組んでの高度成長は日本のありようを激変させ、公害、汚職、過激派テロなどが頻発、国民の社会的関心も大変強いものがありました。

しかし、基本的に報道の情報源は新聞でした。

ＮＨＫの朝と夜7時のニュースで重要な事実を知り、より詳しく事柄の中身やオピニオンを知るには新聞を読む――これが基本的な報道の役割分担だったのです。

そうした中で、『ニュースステーション』の登場は画期的でした。当時のNHKニュースは事実報道のみの淡々としたものでした。今のお昼12時のNHKニュースをイメージしてください。ああしたものが朝、昼、夜に淡々と流れていたのがテレビニュースの日常でした。

そこに、「『事実』こそは『ドラマ』だ。『事実』を面白く見せるエンターテイメント性のあるニュース番組を」という主張を引っ提げて、時代にチャレンジしたのが『ニュースステーション』でした。

歴代キャスターは久米宏氏、古舘伊知郎氏、今の富川悠太氏と32年間たった3人によってリレーされてきました。

スタイルは久米氏によるスタート時に定まりましたが、他の追随を今に至るまで許さない工夫が凝らされています。

まず、オープニングの音楽がおしゃれです。仕事や夜の酒席から帰宅したお父さんがウィスキーグラスを片手に寛(くつろ)いで見る、ちょっとしたホームシアターの開幕のようです。セットも最大限視覚的な効果が狙われています。

女性キャスターの登用も、今では普通のことですが、当時としては画期的でした。初代の小宮悦子氏の端麗な容姿と少し鼻にかかった美声は全く新しい夜の華でした。

更にニュースを分かりやすくする工夫、見飽きさせない工夫も、全て『ニュースステーション』が先鞭をつけ、未だに他の追随を許さないノウハウが凝縮されています。同じ事柄の関係図など一つを取ってみても、他の報道番組より頭に入りやすく工夫されています。

初代の久米氏は、TBSアナウンサーとして『ザ・ベストテン』などの司会を務めて国民的人気を得ていた人であり、2代目の古舘伊知郎氏もプロレスの実況で鍛えられ、共に語りのテンポ感は抜群でした。

おしゃれな作り、演劇的な仕掛け、頭に入りやすい構成、語りのテンポ感により、ニュースが、なまじっかなドラマを見るよりも面白くなった――これは考えてみれば当然です。「事実は小説より奇なり」という言葉を持ち出すまでもなく、権力闘争や金や利権を巡る物語、数々の犯罪事件、国際情勢や災害情報によって、テレビ効果抜群の「ドラマ」が作り出せないはずがありません。

『ニュースステーション』は大成功しました。

『ニュースステーション』はテレビ朝日系列であり、解説には初代の小林以後、代々朝日新聞の編集委員が入ります。初代の小林氏は抑制的でしたが、2代目の田所竹彦は温厚な風貌に似合わず、朝日新聞路線を相当露骨に踏むようになります。

ＮＨＫの向こうを張って視聴率を取りに出たユニークな報道番組が朝日新聞系列だったこと――これはその後の日本のテレビ報道の方向を決定づける大きな要因でした。他の局も、歌謡ショーやドラマの退潮の中、平成に入ってから『ニュースステーション』を追いかけ始めます。『ＮＥＷＳ23』（ＴＢＳ）や『ニュースＪＡＰＡＮ』（フジテレビ）などが始まります。その際、先行して高視聴率を誇る番組である『ニュースステーション』がモデルとなったため、論調自体も朝日新聞の路線を踏襲することが、不文律のようになってゆきました。

ここで重大な指摘をしておきたいと思います。

日本の報道空間を極端に歪めているのは、新聞ではなく、テレビの方だということです。新聞は、論調を右から左へと並べると、産経新聞、読売新聞、日経新聞、毎日新聞、朝日新聞、東京新聞となり、右派の産経、読売の部数は合わせて１０５３万６０００部、左派の毎日、朝日、東京は合わせて９９６万５０００部で拮抗（きっこう）しています。

ところが、テレビの方は、各局横並びで、朝日新聞の論調を殆ど模倣することに終始しています。

フジテレビの『ユアタイム』が産経新聞の論調をきちんと伝え、日本テレビの『ＮＥＷＳ ＺＥＲＯ』が読売新聞の論調をきちんと伝えていれば、ここまで日本の情報空間は歪まなかったでしょう。最近のネットテレビ――チャンネル桜、虎ノ門ニュース、櫻井(さくらい)よしこ氏の言論テレビなど――を見れば、産経新聞系の保守～現実主義と要約される論調は、間違いなく手堅い支持者を持っています。フジテレビが産経新聞をベースにした報道路線を敷き、周到に番組の浸透を図れば視聴率も狙え、ニュース番組の相対化＝健全化が進むはずですが、新しい論調を作り出すのは、視聴率の上での冒険となる上、スタッフや出演者の熟達やノウハウの問題もあり、実現できないまま、地上波の朝日論調一元化の状況は一向に改まりません。

ナチスを例に憲法改正を危険視

今でも、夜の報道番組の代表選手であり、論調も大きな問題をはらんでいる『報道ステーション』。

この章では、古舘伊知郎前キャスターが置き土産として作った一つの番組の徹底検証を通じて、この番組の病理を探ってみようと思います。

平成28（２０１６）年3月18日に放送された特集「憲法改正の行方…『緊急事態条項』・

ワイマール憲法が生んだ独裁の〝教訓〟」がそれです。

出演者は古舘伊知郎氏（メインキャスター）、小川彩佳氏（サブキャスター）、長谷部恭男氏（早稲田大学教授・コメンテーター）でした。ＶＴＲの監修・協力には石田勇治氏（東京大学大学院・ドイツ現代史研究）、木村草太氏（首都大学東京准教授）、高田博行氏（学習院大学教授・ヒトラー演説研究）らの名前が挙がっています。

この番組は、後にギャラクシー賞のテレビ部門の大賞を受賞していますが、以下のように、極めて悪質な印象操作と、事実報道の嘘、学術的なでたらめさがてんこ盛りで、監修者となっている学者の見識、『報道ステーション』の知的水準やモラルについて、重大な疑問を感じざるを得ません。

番組冒頭から驚かされます。

テロップには「憲法改正の行方…『緊急事態条項』独ワイマール憲法の〝教訓〟」と出ているのに、画面にはいきなりヒトラーが演説する場面が映し出されるからです。

それに続いて古舘氏は次のように語り出します。

「日本、憲法改正というものが徐々に徐々に視野に入ってまいりました。ならば、あの『緊急事態条項』から動いていくのではないか、ということに関して、もっともっと議論が必要なのではないか。その場合に、専門家の間ではドイツのあのワイマール憲法の『国家緊急権』。この教訓に学ぶべきだという声がかなり上がってきているのも事実であります。その国家緊急権を悪用する形で結果ナチの台頭があった。（略）もちろんですね、日本で、ナチ、ヒトラーのようなことが起きるなんて到底考えておりません。しかしながらですね、将来、緊急事態条項を、日本で悪用するような、想定外の変な人が出てきた場合、どうなんだろうということも、考えなければという結論に至りまして、私一泊三日でワイマールに行ってまいりました」

ここで古舘氏の言う「緊急事態条項」とは、簡単に言えば、首都直下型大震災や、某国によるミサイル攻撃が本土に着弾するなど、国家機能が大きく損なわれ、非常事態に陥った場合、権限を首相官邸に集中させるものです。したがって、憲法に緊急事態条項を創設するなら、古舘氏が指摘するまでもなく、その設定条件を慎重に議論することが必要なのは言うまでもありません。

そのためには、緊急事態条項が世界各国の憲法でどう定められているか、そして、この番組が批判的に取り上げている自民党の改憲草案における緊急事態条項とはどういう条文なのかが、丁寧に紹介・検討されねばならないはずです。

ところが、これから逐一検証するように、この番組は、自分で取り上げた自民党の改憲草案を一部だけ切り取って伝え、世界の他の国の条文も一切紹介しません。その代わり、ヒトラーの音声や画像を延々と流し続けることで、あたかも自民党の改憲がヒトラー的な危険さを内包しているかのような印象操作を重ね続けているのです。

特集VTRは、ワイマールの国民劇場前に立つ古舘キャスターの映像を皮切りに「当時世界でも最も民主的と言われた」ワイマール憲法が制定された国民劇場が、わずか7年後にはナチス党大会の場所となってしまった、というコメントからスタートします。

「アドルフ・ヒトラー、ナチ、国民社会主義ドイツ労働者党を率いて独裁体制のもと、第2次大戦を引き起こして、ユダヤ人の大量虐殺という大惨事を産んだ。でもヒトラーというのは軍やクーデターで独裁を確立したわけじゃありません。合法的に実は実現しているんです。実は、世界一民主的なはずのワイマール憲法の一つの条文が独裁に繫がってしまった。そしてヒトラーはついには、ワイマール憲法自体を停止させました」（声のみ。映像はヒトラー

演説シーン等）

こうした「解説」の後、古舘氏は次のように続けます。

「ヒトラー独裁への経緯というものを振り返っていくと、まぁ日本はそんなふうになるとは到底思わない。ただ、今日本は憲法改正の動きがある、立ち止まって考えなくちゃいけないポイントがあるんです」

要は、日本の憲法改正が、ヒトラー独裁のような事態を引き起こす可能性を秘めていると言いたいわけです。

これは考えられる限り最も極端な仮定と言うべきでしょう。

世界中で憲法改正は無数行われています。例えば、アメリカの場合、１７８８年の成立以来６回改正されています。昭和33（１９５８）年に制定されたフランスの現行憲法は24回改正、ドイツに至っては、西ドイツ時代を含めると60回改正しており、制定時から平均すると約１年に１回改正している計算になります（出典：『国立国会図書館　諸外国における戦後の憲法改正【第五版】』)。

また、今回『報道ステーション』が問題にした緊急事態条項も、世界中の憲法で103か国、特にこの30年間に制定された憲法では全ての国が採用しています。逆に、OECD(経済協力開発機構)加盟諸国の中で設定されていないのは日本のみなのです(出典:論文「国家緊急事態条項の比較憲法的考察:とくにOECD諸国を中心に」西修著)。

そうした世界的な憲法事情の中で、自民党の改憲草案が、ヒトラーの映像を多用しながら伝えるほど、異常な危険性に満ちたものだというのは本当なのでしょうか。

「そういう中でヒトラーは、経済対策と民族の団結を前面に打ち出していった。そして表現がストレートだった。強いドイツを取り戻す、敵はユダヤ人だ、と憎悪を煽った。演説が得意だったヒトラーというのは反感を買う言葉を、人受けする言葉に変えるのがうまかった。例えば、独裁を決断できる政治、戦争の準備を平和と安全の確保、といった具合です」(古舘氏の発言シーンと併せヒトラーの画像を放映)

古舘氏がこう語る間、「強いドイツを取り戻す」、更には「独裁=『決断できる政治』」「戦争の準備＝『平和と安全の確保』」「この道以外にない」などのテロップが流され続けます。「強いドイツを取り戻す」という表現は、安倍首相が用いてきた「日本を、取り戻す」あるいは「強い日本、強い経済を取り戻す」などといった言葉を強く想起させます。「この道以外にない」も安倍自民党の「景気回復、この道しかない。」と同じフレーズです。「平和と安全の確保」は、平成27（2015）年に可決された平和安全法制を、また「決断できる政治」は安倍首相の政治姿勢を連想させます。

「戦争の準備」＝「平和と安全の確保」、独裁＝「決断できる政治」というテロップは、ヒトラーと安倍首相を結び合わせようという明白な意図を感じさせます。

あまりにも度が過ぎるプロパガンダではないでしょうか。

言うまでもありませんが、「強い自国を取り戻す」、「平和と安全を確保する」、そして「決断できる政治」は、歴史上のあらゆる国家指導者が主張してきたことです。チャーチル、ケネディ、レーガン、サッチャーをはじめ、成功し、国民に信任されたリーダーは、いずれもこうした主張を実現してきた人たちです。

その中からよりによって、安倍首相をヒトラーになぞらえるのは、どういう根拠にもとづくのでしょう。

ヒトラー及びナチスは、現在、国際社会において最大の悪の代名詞です。ドイツ、フランスなどではそれを賞賛するだけで刑事罰の対象となります。安倍首相をそのような存在になぞらえた今回の報道の画像が不完全な翻訳と共に海外に流出した場合の、日本の風評被害は極めて大きいと言わねばなりません。安倍首相への侮辱というよりも、日本の議会制民主主義、日本国民への重大な名誉棄損でしょう。

ヒトラーと安倍首相を重ね合わせて印象操作

古舘氏はこの後、ヒトラーが独裁権力を握る過程を解説します。

「じゃあ、ヒトラーはどうしたんだ、と。実は使ったのはワイマール憲法の第48条、『国家緊急権』というやつなんです。これがポイントです。これは国家が緊急事態に陥った場合に、大統領が公共の安全と秩序、これを回復するために必要な措置をとることができる、大統領が何と一時的にはなんでもできちゃうという条文だったわけです。この条文が実はヒトラーに独裁の道をついに開かせてしまった（略）」

「１９３３年、首相に任命されたヒトラーは議会を解散し、共産党が全国ストを呼びかけていたのに対し、国家緊急権を発動させ、集会と言論の自由を制限します。更に国会議事堂の放火事件を共産党の陰謀とし、これを弾圧した上、あらゆる基本的人権を停止します。司法手続きなしで逮捕もできるようにしてしまった。野党はもはや自由な活動はできなくなりました」

そもそもナチスの台頭には当時のドイツの置かれた特殊な事情があります。第１次世界大戦で敗北したドイツは、戦勝国イギリス、フランスによって皇帝を廃絶され、軍隊を著しく制限されていました。国家としての自尊心を叩きのめされた上、支払い不可能な賠償金が科せられ、社会不安も続きます。

ワイマール共和国は極めて不安定な国家でした。社会民主主義による穏健左派政治というと聞こえはいいですが、左からの共産主義の浸食と、右からのドイツナショナリズムとに分裂し続け、収拾がつかなくなっていたのが実態です。１９２９（昭和４）年の世界恐慌によりドイツは賠償金の支払いが不可能になり、失業者も１９３２年には６００万人と総人口の約10％に達します。

ワイマール憲法による良質の国家が、破壊的な独裁者であるヒトラーに簒奪（さんだつ）されたという図式自体が間違いです。

１９３３年ナチスが台頭した時の政党構成は、ナチスが２８８議席で約４割、従来政権政党だった社会民主党は１２０議席、共産党が81議席と左派政党もまだナチスに拮抗していました。また、カトリック政党である中央党も74議席を獲得しています。

共産党は当時建国された直後のソ連が順調に計画経済を進めており、スターリン独裁の前だったため、ヨーロッパの知識人の間でデモクラシーに代わる政治体制として信奉されていました。その知識人の賛美のもと、コミンテルンによるソ連の工作が進行し、世界中で暴力革命が仕掛けられていました。経済苦にあえぐドイツは格好の標的です。

一方、共産主義国家の誕生を防ぎたい保守層、経済的富裕層らにとってもワイマール国家の弱さと不安定さは深刻な憂慮の種でした。

そうした中、ナチスが台頭します。国家社会主義、つまり国家自身が統制経済により国力を作り出すという政治的主張は、安定を望む広範な層に期待されました。

なぜか。

当事、世界中で、デモクラシーとリベラリズムに対する懐疑が生じていたからです。所詮（しょせん）

民主主義など、イギリス、そして新たに台頭しつつあったアメリカというアングロサクソン＝勝ち組に都合の良い、また、各国の富裕層というこれまた勝ち組に都合の良いきれいごとに過ぎず、本当の民主主義、本当の自由は、むしろこれら勝ち組によって奪い去られているのではないか――。資本主義を克服して平等な社会を作り出せと訴えるマルクス主義も、国家統制による強い国力を目指しつつ富の再分配を図るファシズム、ナチズムも、当時はデモクラシー＝資本主義の行き詰まりを打開する新たな可能性としてとらえられていました。

古舘氏はナチスの「国家緊急権」の行使を後押ししたのは、「保守陣営と財界」であったと説明し、共産党が弾圧の被害者だった面だけを伝えています。しかし、そもそも共産党は一党独裁で、社会的な自由などナチス政権と同様に存在しません。要するにナチスと共産党という左右の全体主義政党が議会多数を占めるほど、当時のドイツの逼塞(ひっそく)感は強かったのです。

以上のような経緯を考えると、そもそもヒトラーによる政権奪取を、現代日本における安倍政権の改憲と重ね合わせるのは、気の遠くなるほど話がずれているのではないでしょうか。

しかも番組では、ワイマール憲法の「国家緊急権」と自民党の改憲草案の緊急事態条項がどのくらい共通する危険性を持っているかの中身についてはどこまでいっても触れられないのです。

「さぁ、野党が自由を奪われた選挙ですから、ヒトラー率いるナチ党は議席を増やしていよいよ仕上げにかかろうとします。恫喝（どうかつ）と懐柔策を駆使して反対派を従わせて議会の3分の2まで抑えて成立させたのがあの全権委任法です。国会の審議を経ずに政府が憲法の改正含めて全ての法律を制定できてしまう法律です。この瞬間、世界で一番民主的な憲法のもとで、合法的に独裁が確立したんです」

古舘氏のこのナレーションの後、ヒトラーの演説映像が入ります。実にこの番組で3回目の映像紹介です。そして古舘氏は話を日本に持ってゆきます。

「ここまでは80年前のドイツで起きてしまったことです。当然日本でこんなことが起きるなんてのは考えられません。でも気になることがあるんです。これは自民党が発表している憲法改正草案ですが、ここには緊急事態条項という条文が書き込まれているんですね。今年、7月の参院選で与党が圧勝して3分の2の数を取るとなると、日本でも憲法改正というものが現実味を帯びて参ります。その時俎上に上がるとされているのが今言った緊急事態条項なんです。ここでいう緊急事態というのは大規模な自然災害だけじゃなくて、外部からの武力攻撃、社会秩序の混乱などと位置づけてですね。この緊急事態の際に、ここです。『内閣は法律と同一の効力を有する政令を制定することができる』と規定しているんですね」

こうして、古舘キャスターは、ワイマール憲法下の「国家緊急権」と関連づけるかのごとく、自民党の改憲草案の緊急事態条項を持ち出し、「内閣は法律と同一の効力を有する政令を制定することができる」という条文を紹介して、「ワイマール憲法研究の権威である」ミハエル・ドライアー氏（イエナ大学教授）の見解の紹介へと繋げます。

「この内容はワイマール憲法48条（国家緊急権）を思い起こさせます。内閣の一人の人間に利用される危険性があり、とても問題です。一見読むと無害に見えますし、他国と同じような緊急事態の規則にも見えますが、特に（議会や憲法裁判所などの）チェックが不十分に思えます。このような権力の集中には通常の法律よりも多くのチェックが必要です。議会からの厳しいチェックができないと悪用の危険性を与えることになります。なぜ、一人の人間、首相に権限を集中させねばならないのか。首相が（立法や首長への指示等）直接介入することができ、更に首相自身が一定の財政支出までできる。（略）権力者はいつの時代でも常に更なる権力を求めるものです。日本はあのような災害（東日本大震災）にも対処しており、なぜ今この緊急事態条項を入れる必要があるのでしょうか」

自民党の改憲草案の一部を切り取り批判

そして、番組では、自民党の改憲草案が次のように示されます。

〈第九章　緊急事態
（緊急事態の宣言）
第九十八条　内閣総理大臣は、我が国に対する外部からの武力攻撃、内乱等による社会秩序の混乱、地震等による大規模な自然災害その他の法律で定める緊急事態において、特に必要があると認めるときは、法律の定めるところにより、閣議にかけて、緊急事態の宣言を発することができる。

２　緊急事態の宣言は、法律の定めるところにより、事前又は事後に国会の承認を得なければならない。

〈緊急事態の宣言の効果〉

第九十九条　緊急事態の宣言が発せられたときは、法律の定めるところにより、内閣は法律と同一の効力を有する政令を制定することができるほか、内閣総理大臣は財政上必要な支出その他の処分を行い、地方自治体の長に対して必要な指示をすることができる〉

なるほど、ドライアー氏の言う通り、これだけではチェック機能が不十分で、権力による悪用が全く防げません。もしこんな条文を自民党が作成し、安倍政権が憲法改正しようとするなら、私も間違いなく阻止に動くでしょう。

ところが、このパネルは自民党の改憲草案の一部を故意に隠して作成されているのです。カットされている部分は以下です。

〈第九十八条

3　内閣総理大臣は、前項の場合において不承認の議決があったとき、国会が緊急事態の宣言を解除すべき旨を議決したとき、又は事態の推移により当該宣言を継続する必要がないと認めるときは、法律の定めるところにより、閣議にかけて、当該宣言を速やかに解除しなければならない。また、百日を超えて緊急事態の宣言を継続しようとするときは、百日を超えるごとに、事前に国会の承認を得なければならない。

4　第二項及び前項後段の国会の承認については、第六十条第二項の規定を準用する。この場合において、同項中「三十日以内」とあるのは、「五日以内」と読み替えるものとする。

第九十九条

2　前項の政令の制定及び処分については、法律の定めるところにより、事後に国会の承認を得なければならない。

3　緊急事態の宣言が発せられた場合には、何人も、法律の定めるところにより、当該宣言に係る事態において国民の生命、身体及び財産を守るために行われる措置に関して発せられる国その他公の機関の指示に従わなければならない。この場合においても、第十四条、第十八条、第十九条、第二十一条その他の基本的人権に関する規定は、最大限に尊重されなければばならない。
4　緊急事態の宣言が発せられた場合においては、法律の定めるところにより、その宣言が効力を有する期間、衆議院は解散されないものとし、両議院の議員の任期及びその選挙期日の特例を設けることができる〉

つまり、自民党の改憲草案には、緊急時においても政権が暴走しないように抑制する条文があるのです。

98条の3項は、緊急事態の宣言を国会が不承認としたり、解除すべきと決議した時には内閣総理大臣は宣言を速やかに解除しなければならないと明記されています。また緊急事態が長期にわたる場合は百日を超えるごとに国会の事前承認を必要とするとされています。

99条の3項でも、この宣言が「国民の生命、身体及び財産を守るために行われる措置」であることが明記されている上、緊急事態下においても各種人権規定を最大限尊重するように定めています。

しかし番組ではこれらの条文を一つも紹介していません。

自民党案を危険だと発言しているドライアー氏も、改憲草案の全文は見せられていないに違いありません。

あまりにもスキャンダラスな話ではないでしょうか。

更に、番組内の解説でも、コメンテーターの長谷部恭男氏が、これらの制限条項には一切触れずに、自民党の改憲草案が抑制の効かない危険な条項であるかのように強調しています。


「まずこの、自民党の改憲草案。緊急事態条項に関する問題点ですが、他の憲法の緊急事態条項と比べても、発動の要件がどうも甘すぎるんじゃないのか。まぁ、確かに武力攻撃とか大規模な自然災害、と例示はあるんですが、ただ結局のところは、法律に丸投げしているんですよ。どういう場合に宣言ができるのか。（略）しかも、それは首相が特に必要があると認めれば、これはもう客観的というよりは、内閣総理大臣がそう思えば、っていう主観的な要件になっております。（略）そうなりますと、これは人身の自由というのは他の基本的な人権全てを支えているものでして、それが政令によってどうなってしまうのか。場合によっては令状なしで怪しいと思われれば拘束をされる、そんなことになるということも理屈としてはあり得るということになります」

長谷部氏は日本を代表する憲法学者の一人ということになっていますが、学問的良心を感じない、悪質なコメントと言うべきでしょう。

第一に外国との比較において、自民党の改憲草案の「発動要件は甘すぎ」るとは言えません。

比較憲法学の権威である西修氏の論文『国家緊急事態条項の比較憲法的考察：とくにＯＥＣＤ諸国を中心に』によれば、平成２（１９９０）年以後に制定された１０３か国の憲法全てに国家緊急事態条項が含まれており、一方では日本国憲法９条１項とほぼ同内容の平和条項も１０１か国の憲法に規定されています。西氏によれば、今や「国家緊急事態条項と平和条項は憲法規範の車の両輪というのが世界の憲法の常識」です。

同論文によれば、緊急時に権力を集中させる機関については、行政府にそれを与える国、より立法府に与える国、事態によって分属させる国に分かれ、また制限の程度も様々です。ドイツはナチスの出現を踏まえ、行政府ではなく、国会に権限を与えています。フランスは大統領判断に対する様々な制約を細々と憲法に書き入れています。

自民党案についても、そうした国際比較、また緊急事態の具体的な想定の上で批判的に検討することは当然必要です。確かにフランスなど最も厳格な国に比べれば発動要件は緩いからです。

しかし、検討の余地はあるとは言えても、自民党案の緊急事態は「内閣総理大臣がそう思えば、っていう主観的な要件になって」いるという長谷部氏の発言は、どうかしているのではないでしょうか。学者の発言とは思えません。自民党案には、総理大臣は「法律の定めるところにより、閣議にかけて、緊急事態の宣言を発する」とはっきり書かれているではありませんか。個人的主観の入る余地は全くないのです。

また、長谷部氏は基本的な人権を踏みにじる可能性に言及していますが、先ほどご紹介したように自民党の改憲草案には「基本的人権の最大の尊重」が規定されているのです。事実を無視した誹謗（ひぼう）です。

如何（いかが）ですか。

こうしてたった一つの番組を詳細に検討するだけでさえ、それが報道番組とも知的なドキュメンタリーとも言えないプロパガンダ――反安倍、憲法改正反対の――であるのは明白ではないでしょうか。

緊急事態条項がヒトラーを生んだ、だから安倍＝自民党の緊急事態条項は危険だ。

こんな極端で杜撰（ずさん）なストーリーを元にしている。

番組ではヒトラーの映像が再三登場しますが、自民党案との類似性は以上見たように全くありません。

批判の対象である自民党の改憲草案の権力抑制的な部分を全部隠して、事実を捏造（ねつぞう）しています。

世界の憲法との比較もゼロです。

古舘氏はこの番組中、「立ち止まって考えなければならない」と憲法改正の動きを止めようとするコメントを繰り返していますが、「立ち止まって考えなければならない」のは、あなたがたの番組制作の方針の方でしょう。

素直な視聴者が見れば、安倍首相とヒトラーが似た者同士に見えてくるし、自民党の改憲草案が世にも危険なものに見えてくる。

それが全て情報の中身や組み合わせによって生じた虚報なのです。

おそろしい洗脳ではないでしょうか。

『報道ステーション』は今も、毎日の夜、平均視聴率11・4％（平成28年度上期）、つまり単純計算すれば、約１４３０万人の日本の良識ある視聴者を騙し続けています。

どんなに売れる本を書いても１００万部に達することは殆どありません。

毎晩のゴールデンアワーに推定で日本人十人に一人に向かって、以上のように事実さえ捻(ね)じ曲げた報道を垂れ流している。

放置しておいていいのでしょうか。

近い将来、憲法改正が発議される時に、おそらく全局にわたり、これと似た手法のプロパガンダが、全面的に仕掛けられるに違いありません。

繰り返します。

私たちは、これを放置しておいていいのでしょうか。

第5章

『サンデーモーニング』
——日曜日、朝の憂鬱

日曜朝の政治番組は保守が主流だった

日曜日の午前中——日本のテレビは長年、この日この時間帯だけは、一日寛げるお父さんのための番組構成をしてきました。

平日の朝のテレビは、出勤、通学のために時間を見計らう時計の役割、その後はまだ通学前の子供番組、昼前後からお母さんのための番組が続き、夕方は主に再放送枠でお年寄りのための時代劇やドラマの放送、夜の7時から9時台が家族がそれぞれに楽しめる番組を流すゴールデンタイムというのが昭和に確立していた番組の基本的な構成でした。

昭和50年代までの日本は休みは日曜日だけ、土曜日が半ドンというのが大半の国民の就業形態でしたから、日曜日の朝から昼にかけてはお父さん向けの番組を作る——そのため、日曜日には、囲碁、ゴルフの番組などと並び、午前中に政治討論番組が組まれてきたのです。

今ではこのような国民の生活や嗜好パターン、家族構成が大幅に崩れていますが、日曜午前中の政治討論番組の伝統は辛うじて維持されています。

その中で、最も視聴率が高いのがＴＢＳの『サンデーモーニング』で、17・6％（平成29

年10月8日）の視聴率は、ＴＢＳの全番組の中でもドル箱番組の一つです。
司会がアナウンサー界の重鎮・関口宏氏、コメンテーターに岸井成格氏、週替わりのコメンテーターとして、姜尚中氏、大宅映子氏（評論家）、寺島実郎氏（多摩大学学長）、浅井慎平氏（写真家）、田中優子氏（法政大学総長）、大崎麻子氏（関西学院大学客員教授）、岡本行夫氏（外交評論家）、荻上チキ氏（評論家）、田中秀征氏（元衆議院議員）、西崎文子氏（東京大学大学院教授）、亀石倫子氏（弁護士）、涌井雅之氏（造園家、東京都市大学教授）、谷口真由美氏（大阪国際大学准教授）、スポーツのコーナーに元プロ野球選手の張本勲氏らが出演しています。

時間帯が丁度テレビをつけ始める時間ということもあるでしょう。さらに競合するＮＨＫの『日曜討論』は堅苦しく、以前ライバルだった田原総一朗氏が司会をしていたテレビ朝日『サンデープロジェクト』はなくなりました。日曜の政治番組として今や突出した存在です。

そもそも、日曜午前の政治番組の歴史は大変古いものです。

草分けは、同じＴＢＳの『時事放談』で、昭和32（１９５７）年に始まっています。当時は8時30分から30分枠の放送でした。番組のホストは、細川隆元と小汀利得です。と言っても今では知る人も少なくなっているでしょうが、いずれも保守ジャーナリズムの重鎮であり、細川は歴代総理に対しても歯に衣着せぬ毒舌で売った政界のご意見番、小汀は、昭和5（1930）年の井上準之助蔵相による金輸出解禁（金本位制への復帰）を批判する論陣を、石橋湛山（後の首相）や高橋亀吉（経済評論家）らと張って以来の経済・政治論客です。小汀の後を襲った藤原弘達や加藤寛なども同時代を代表する保守派の大物で、『時事放談』は彼らが政界のキーパーソンと遠慮のない議論を交わす、本格的な保守系政治番組でした。

一方、フジテレビ系列では、昭和35（1960）年6月から、矢部貞治・今東光の『世相診断』という番組が始まり、70年代中盤から『世相を斬る』と改題、今東光、続いて福田恆存と、いずれも大物保守系評論家、作家をホストとして時代を縦横に論じる番組が日曜午前中に放送されていました。

今東光は『お吟さま』（淡交社）などの作品でも有名ですが、魁偉な風貌、豪快な人柄と毒舌で知られています。ノーベル賞作家で近代日本最高の小説家と言える川端康成の幼少からの親友でもあります。福田恆存も戦後を代表する評論家、劇作家、翻訳家です。左翼に領された論壇を鋭く批判した、昭和29（1954）年の『平和論にたいする疑問』（文藝春秋新社）、60年安保騒動を批判した『常識に還れ』（新潮社）をはじめ、論壇で保守派が少数だった頃から一貫した保守言論人としての在り方を貫いた人です。福田の業績でとりわけ重要なのは、現代仮名遣いを批判し、歴史的仮名遣いに戻すべきだとした国語論で、これには今名前を挙げた小汀も問題意識を共有し、当時大きな運動となっていました。事実、昭和戦後の優れた文学者の多くは、学校で新仮名遣いが教えられていたにも関わらず、旧仮名遣いで作品を発表していました。柳田国男、谷崎潤一郎、志賀直哉、川端康成、小林秀雄、石川淳、保田與重郎、三島由紀夫……。

私も実は本当は旧仮名遣い派です。ただ、今の読者にとっつきにくい印象を与えるため、政治評論などでは現代仮名遣いを用いているだけで、日本の国語政策そのものを旧仮名遣いに戻すべきだと今でも考えています。

余談になりましたが、『世相を斬る』で福田恆存を継いだのが竹村健一であり、竹村時代の平成４（１９９２）年、同番組は現在も続く『報道２００１』に発展統合しました。

この『報道２００１』のメインゲストは、長年、岡崎久彦（元外交官）、中曽根康弘（元首相）、石原慎太郎（元東京都知事）、三宅久之（元毎日新聞記者）、屋山太郎（元時事通信記者）ら保守系の政治家や評論家諸氏で占められており、やはりじっくりと本格的な議論を展開する番組でした。

意外なことに、昭和年間、日曜の政治番組は、保守系の牙城だったのです。

当時の新聞の論調が左翼主流だった中で、保守派の発言領域を確保するために日曜日午前の政治番組が作られたのでした。

どの番組も、視聴率を狙っての騒がしい企画ではなく、日曜日の朝にふさわしい、その時代の大インテリや一流の言論人による静かでじっくりとした対話の面白さを打ち出していました。

『サンデーモーニング』が日曜の朝を変えた

それが様変わりするきっかけが『サンデーモーニング』の登場です。

他の政治番組が保守系の真面目な政治番組だったのに対し、『サンデーモーニング』は、今も続く『朝まで生テレビ』（テレビ朝日）を真似て始まったのです。田原総一朗氏がキャスターを務める『朝まで生テレビ』が深夜にもかかわらず高視聴率を上げているのを受け、日曜日の午前中に生放送の政治討論番組を仕掛けたのです。昭和62（1987）年、『関口宏のサンデーモーニング』と題して放映が開始されたこの企画の当初のレギュラーメンバーは、北野大（きたのまさる）氏（工学博士）、ケント・ギルバート氏（カリフォルニア州弁護士）、定岡正二（さだおかしょうじ）

氏（元プロ野球選手）というような顔ぶれでした。

先の『時事放談』、『世相を斬る』と比較するまでもなく、司会が関口氏であることからして、知識人による討論番組ではなく、バラエティ番組です。政治が大人の知的な、静かな、高度な言論の対象から、お茶の間の好き勝手なお喋りの対象に移ってゆく一歩でした。

この番組が徐々に視聴率を伸ばし、日曜朝の看板番組に躍り出てゆく過程は、そのまま日本の政治の堕落の過程と重なるのでしょう。他局も、知識人や政界の重鎮による静かな対話番組の路線を捨てて、専門家としても知識人としても一流と言えない人たちが素人考えを喚（わめ）き合うスタイルに徐々に変貌してゆく――悲しいかな、それが所詮商売であるテレビの現実です。

それと共に、ＴＢＳの社論が急激に反日、極左化を始めます。

２年前に朝日新聞の論調で成功していた『ニュースステーション』の存在も大きかったでしょう。

こうして政治番組のワイドショー化と極左化は、実は手に手を携えて、この番組から始まったと言っていいのです。

ここまでの４章でも示した通り、テレビの政治言論の特徴は以下の４点に集約できるでしよう。

①平気で嘘を付く。
②公平性への配慮が全くない。
③理論や学問、専門性を重視しない。
④教養と常識に欠ける。

こうしたテレビの政治言論の方向性は、残念ながら、現在の『サンデーモーニング』に一層深く引き継がれています。

この章では、平成29（2017）年4月から6月に審議された、テロ等準備罪法案について同番組でどう報じられたのか、その点を検証してみましょう。

6月15日、国会で国際組織犯罪防止条約（TOC条約）を締結するための「テロ等準備罪を創設する組織犯罪処罰法」の改正案が賛成多数で可決しました。

マスコミ主流派は、この法律を「共謀罪」と名付けて、犯罪を犯してもいないのに「居酒屋で政府批判をしただけで逮捕されるかもしれない」などというデマと共に大きな反対キャンペーンを張りました。

『サンデーモーニング』はわけてもこの批判の急先鋒でした。その中身をご紹介する前に、この法律がどのような法律なのかを一緒に見ておきましょう。

テロ等準備罪を「共謀罪」と呼称

そもそもこの法律が今回制定された動機は、国連が平成12（2000）年に制定した国際組織犯罪防止条約に、東京オリンピックに先立って批准するためです。

この条約は締約国による「組織的な犯罪集団への参加の犯罪化」が明記されており、条約に批准するには、それぞれの国が、国内法で「組織的な犯罪集団」を罰する法律を作るよう義務づけられています。

我が国も、平成15（2003）年、小泉内閣時に当時の民主党の賛成も得て、条約は国会承認されています。ところが、その後、マスコミと野党のキャンペーンで、組織犯罪を罰する法律の制定が遅れ、条約に参加できていなかったのです。現在、条約締結国は187か国・地域で、締結していない国は、わずか11か国です（日本、パラオ、ソロモン諸島、ツバル、フィジー、パプアニューギニア、ブータン、イラン、南スーダン、ソマリア、コンゴ）。

この国際条約に入らないと、テロ等の組織犯罪の司法協力や、情報の共有に関して日本は蚊帳（かや）の外に置かれます。東京オリンピックが目前に迫っていることを考慮すれば、これ以上、待ったなしの状況でした。

世界中でテロは急増しており、アメリカ国務省によると、平成27（2015）年、世界でテロ事件が約1万2000件あり、実に約3万人が死亡しています。アジアはまだごく少ないとは言え、それでも同年1年間に10数件発生しており、東京オリンピックがテロ対象となる可能性はゼロではありません。今回のテロ等準備罪の制定によって、逃亡犯罪者の引き渡し、捜査協力、情報共有等、国際協力が可能になり、テロ対策への一歩が踏み出されました。

そうした「テロ等準備罪」の目的を一言で言えば、凶悪な組織犯罪を未然に防ぐということに尽きます。ただし、捜査権の拡大は警察ファシズムを招くとか、犯罪を犯していない人間を逮捕するのは監視社会になるなどと言った批判を考慮して、この法律は犯罪の要件を厳格に指定しています。

まず、暴力団による組織的な殺傷事犯や振り込め詐欺、テロのような組織的詐欺犯など

「犯罪行為を実行するための組織」のみを対象としています。一般の会社や団体、一般人が対象となることはあり得ません。

第二に、死刑、無期又は4年以上の懲役・禁錮に当たる殺人罪、強盗罪、監禁罪等重大犯罪２７７罪の準備行為に限定されています。

第三に、計画段階ではなく、準備行為の段階から処罰の対象になります。平成18（２００６）年、小泉政権時代に「組織的な犯罪の共謀罪」が提出され、廃案になっていますが、今回の法律は「共謀」段階では犯罪とみなさず、「準備行為」を伴っていなければなりません。メールなどの物証や指揮命令系統を伴わない限り準備行為は証明されません。

したがってそもそも野党やマスコミが命名した「共謀罪」は「嘘」の略称です。

また、通信や室内会話の盗聴などにより監視社会になるとの風説がありますが、今回の法律は新たな捜査手段を導入していません。寧ろ逆に、取り調べの可視化等、司法・警察等の改革に取り組むことが盛り込まれました。

以上、お分かりの通り、テロや組織犯罪を取り締まる法律としては、寧ろ慎重すぎて極めて不十分な法律と言わざるを得ないのが現実なのです。

私の身近に振り込め詐欺に引っ掛かった人間が３人もいます。６００万円取られた人もいました。振り込め詐欺の被害総額は、平成28年は375億円にも上ります。手口は巧妙になり、心理的に動揺すれば誰しも騙されておかしくないほどです。こうした高度な犯罪組織は、同時に、組織売春、薬物の取り引きに手を染めていたり、地下で海外とも繋がっている場合もあるでしょう。ひいてはテロや海外からの日本破壊活動の資金源になっているかもしれません。

振り込め詐欺一つでも、計画段階で徹底的に取り締まってほしいと思います。振り込め詐欺をはじめとする「特殊詐欺」件数は6年連続で増加しているのです。

その意味では今回の法律のように、捜査手法や対象を縛り過ぎるよりも、捜査手法も拡大し、犯罪の予見を可能にしてもらう方がはるかに国民益にかなっていると言えると私は思っています。

嘘の情報をばらまく『サンデーモーニング』

さて、『サンデーモーニング』です。

この高視聴率の人気番組が、テロ等準備罪をどう伝えたのか。――何と、全く事実に基づかない大反対の嵐でした。

平成29（2017）年4月23日の番組はタイトルが「〝共謀罪〟論戦　一般人も捜査対象に？」です。タイトルからして事実に反しています。

田中秀征「問題の核心はあくまでも、一般の人の内心、内なる心に踏み込むか、取り締まるか、そういう問題なんですよね。で、これは共謀罪と言われた頃に3回廃案になっている理由は、内心を束縛するっていう問題。それはね！　恐れがあるだけで！　法律としてはやっちゃいけないんですよ。しかしそれが廃案になった理由として野党も反対したんだけど、問題は与党や自民党内にも、根強い慎重論があったんだ！　僕はね、昔からその保守というのは、まず自由を死守するという、最後まで自由を守るというところに、保守政治の一番根本があると思う（略）」

関口宏「国家権力が国民を監視するというね、なーんかこういやーな時代に逆戻りしやしないかっていう……心配もありますよねえ？」

岸井成格「そこなんですよ。これはもうね、捜査当局のね、長年の執念なんですよね！

だからそういう立場からすると、できるだけ情報は持っておきたいっていう、そういう組織なんでしょう？　そういうところはね。だけど、それをこうやって法律で本当にやっちゃったら、さっき田中先生が言われたように本当に内心の自由を縛るっていう、監視社会を作っちゃうっていうね、その怖さについて何で自民党から反論が出ないのか。ほんっとに不思議ですよね！　審議を聞けば聞くほど、これはテロ対策に名を借りた、共謀罪の焼き直しだと、ひじょ〜〜〜うによく分かるんですね。だから近くぁの、メディアにも密接に関係してきますのでね、メディアの関係者とかジャーナリストの多くが、この反対のアレをやるっていうね、そういう動きに今なってますけどね」

先ほどご紹介した法案の実態と関係のない感想のオンパレードで、殆ど信じ難い思いがします。

内心の自由とテロ等準備罪は関係ありません。指揮命令系統を持つ犯罪集団が、メールなどの物証を伴った場合、懲役4年以上に該当する重大犯罪の準備段階で、これを逮捕できる――いったいこれのどこに内心の自由の問題が絡んでくるのでしょう。

なるほど、凶悪犯人にも内心があります。しかし、例えば、今、あなたの目の前に切れ味の鋭い出刃包丁を持ち、目をぎらつかせた男が襲い掛かる身構えをしている時に、その人の内心の自由を尊重して、襲い掛かるまで放置しておくでしょうか。襲い掛かり、あなたのお腹に包丁を突き刺した瞬間、犯行は成立します。しかしその前に既に犯行意図が明白である時、内心の自由を持ち出す馬鹿はいないでしょう。

関口氏の「国家権力が国民を監視する」、岸井氏の「本当に内心の自由を縛るっていう、監視社会を作っちゃう」、いずれも法案の事実と無関係な嘘であり、視聴者に対する背信です。

ネットでブラックジョークネタが出ています。

「戦争をする国になるなる詐欺」というものです。古くは60年安保や70年安保、その後はPKO法や防衛庁の省昇格、近年では特定秘密保護法や安保法制など、何かある度に、「日本は戦争をする国になる」と危険を煽るマスコミの嘘への揶揄（やゆ）です。

関口氏や岸井氏は、日曜日朝の高視聴率番組で毎週のように、その延長上の、基本的事実を踏み躙（にじ）る嘘を国民にまき散らしているわけです。

テレビと野党の反論はイチャモンレベル

法案が成立した後、平成29年6月18日の番組では次のような議論が番組で展開されました。

田中優子「採決のことで言うと、何かこう、ゲームで次々クリアーしていくみたいに、コントロールすること自体が、強行にコントロールすること自体が、自己目的化してるなって思いますね。それからもう一つは、このテロ等準備罪について言うと、実際に実施された時のことを考えると、真面目な警察官であればあるほど、何か起こった時に責任を問われないように、どんどん監視を強めていくしかなくなると思うんですよ。電話の盗聴だとか、メールの監視であるとか、カメラでの監視であるとか。で、もうその段階に入ったっていう気がするんですね。実際には民主主義というのは、政府が国民を監視するのではなくて、国民が政府を熟知して、選挙するわけだから、私たちとしてはやはり市民として、これから一層、政府が何をしていくのかということを、よく知る必要があると思っています」

関口宏「戦中戦前の治安維持法だってね、あれ、携わってた警察官は一生懸命やった結果なんですよね」
田中「ええ」
関口「ああいうことが起こっちゃう？」
田中「起こるんです」

田中氏は本来江戸学の専門家ですが、専攻を持つ研究者としては恥でしかない妄言を繰り返し続けています。

強行採決については既に書きました。野党が法案反対のまま、採決に入る場合、パフォーマンスで議場で乱闘をしてみせたり、泣きわめいてみせて、政府与党が無茶な採決をしたと騒ぎ立てる時に使うそれ自体が騙しの用語に過ぎません。

このテロ等準備罪の場合、審議時間は衆参合わせて約40時間です。最初に書いたように、法案は極めて抑制的です。しかも、法案が通れば国連の国際組織犯罪防止条約に参加できる――逆に世界１８７か国が批准している組織犯罪防止の条約に日本だけが参加していない状態で東京オリンピックを開催するのは不可能です。だからこそ、法案内容は抑制的過ぎて犯罪を未然に防ぐにはザル法だが、まずは法律自体を成立させようとしたのが今度の法案でしょう。

それに対して例えば野党は次のような質疑をしていたのです。

民進党（当時）・階猛（しなたけし）（衆議院議員）「組織で計画して大量殺人を犯すために毒入りカレーをつくろうといった場合に、毒入りカレーをつくれば、具体的な危険があるから予備罪ですよ。カレーだけをつくったら、まだ具体的な危険がないから実行準備行為だと思いますよ。ところが、カレーだけをつくれば5年以下の懲役、毒入りカレーをつくれば2年以下の懲役、これは矛盾じゃないですか。どうして毒入りカレーをつくった方が罪が軽くなるんですか」（平成29年5月19日・法務委員会）

あきれた質問です。国民を愚弄（ぐろう）し、無駄に審議時間を潰しているだけでした。毒入りカレーを取り締まれるかどうかではなく、明白な物証に基づく組織的重大犯罪の事前取り締まりが今回の法案の目的です。

これが国会の実態なのです。強行採決という決まり文句で政府攻撃をする前に、野党の国会質疑のひどさをきちんと国民に伝えたら、どれほどの怒りが国民の間に巻き起こることでしょうか。

さて、田中氏の発言は他の点でも馬鹿げています。「真面目な警察官であればあるほど、何か起こった時に責任を問われないように、どんどん監視を強めていくしかなくなる」のは当然です。犯罪から国民を守るために「どんどん監視を強めて」ほしいと思わない国民がいるのでしょうか。もちろん田中氏がここで言いたいのは、不当な国民への監視が強まる、監視社会になるということでしょう。繰り返します。今回のテロ等準備罪は、犯罪を繰り返す犯罪集団が対象で、監視対象は広がりようがないのです。捜査手法も「電話の盗聴だとか、メールの監視であるとか、カメラでの監視」が新たに可能になってはいません。田中氏の発言は「嘘」でしかありません。

また治安維持法を少しでもご存じなのでしょうか。

法律の条文を田中氏をはじめ出演者は知っているのでしょうか。

治安維持法は大正14（１９２５）年に制定されました。

その時の条文は以下です。

〈第一條　國体ヲ變革（へんかく）シ又ハ私有財産制度ヲ否認スルコトヲ目的トシテ結社ヲ組織シ又ハ情

ヲ知リテ之ニ加入シタル者ハ十年以下ノ懲役又ハ禁錮ニ處ス〉

これは共産主義革命運動の取り締まりを目的としています。政治犯の取り締まりは弾圧だという批判がありますが、そもそも共産主義国家は必然的に独裁弾圧国家になりますから、自由社会が一定の法律で共産主義革命を未然に防ぐのは正当な理由があります。結社の組織、加入者が10年以下の懲役に処されるというもので、極刑はありません。問題は「国体を変革」するという目的そのものが明確ではなく、取り締まり対象が警察権力の恣意で拡大することにありました。

昭和16（1941）年にはそれが以下のように改正されます。

〈第一条　国体ヲ変革スルコトヲ目的トシテ結社ヲ組織シタル者又ハ結社ノ役員其ノ他指導者タル任務ニ従事シタル者ハ死刑又ハ無期若ハ七年以上ノ懲役ニ処シ情ヲ知リテ結社ニ加入シタル者又ハ結社ノ目的遂行ノ為ニスル行為ヲ為シタル者ハ三年以上ノ有期懲役ニ処ス〉

極刑が含まれ、また、「指導者たる任務に従事する」者という項目が追加されたのは、

2・26事件での精神的指導者たる北一輝（きたいっき）のような役割の人間をも罪に問える形にしたわけです。

いずれにせよ、「国体の変革」という表現に含まれる曖昧（あいまい）さが消えません。事実、恣意的な不当捜査や不当逮捕がこの法律によって多発しました。

取り締まり対象を明確に限定する法律でなかったため、単にマルクス主義文献に興味を持つというレベルの読書人や知識人にも窮屈な恐怖を味わわせた点に、最も大きな問題がありました。

しかしいずれにせよ、先ほどの条文を見れば明らかなように、今回のテロ等準備罪とは全く共通項がありません。思想的組織犯を限定なく取り締まれる治安維持法と、厳格な用件を付して犯罪集団の準備行為を取り締まる法律では意味がまるで違うからです。

学者がテレビで、この二つを結びつけるような発言を繰り返すのは、肩書を悪用した視聴者の洗脳でしかありません。

中露の犬が安倍批判

さて、テロ等準備罪が施行された後、平成29年7月17日の番組では「風をよむ」のコーナーで「共謀罪成立社会」と題した特集を組んでいます。既に指摘したように「共謀罪」という呼称自体が嘘です。これは傷害罪を殺人罪と呼び変えるのと同じくらい極端な嘘なのであって、今の日本の報道が、最低限のモラルも持ち合わせていない証拠と言うべきでしょう。

少し詳しく検証してみましょう。

まず番組冒頭で、サラリーマンの街頭インタビューが放映されます。

「名前は知ってるけど、中身までは詳細知ってるって感じではない」

「あまり今までの生活に影響はないだろう」

「僕ら一般人にはそこまで大きく関係してない、あまり身近ではない」という至極真っ当な反応が続きます。

もちろん、「実はとても危険な法律なんだよ」と言うための前座です。この後、番組は元ＣＩＡ職員エドワード・スノーデン氏のこの法案を批判するインタビューを放映します。これは異常なことです。

スノーデン氏は、アメリカ国家安全保障局（ＮＳＡ）と中央情報局（ＣＩＡ）の元局員でありながら、中国領の香港でこれら情報機関の情報収集の手口を暴露して世界的なスキャンダルを巻き起こし、アメリカから逮捕状が出ている人物です。今は何と、ロシアに身柄を保護されています。要するにアメリカの情報部員でありながら、情報戦上の仮想敵国である中国、ロシアに身売りした人間です。

日本の同盟国であるアメリカを裏切り、中国やロシアという日本に向けた核弾頭を配備している全体主義国家の側に身を任せた人間に日本政府を批判させるというのは、どうにもおかしな話ではないでしょうか。

ところがそのスノーデン氏は次のように麗々（れいれい）しくテロ等準備罪を批判します。

「これは日本における『大量監視』という新しい波の始まりかもしれない。日本社会にかつて存在したことのない『監視文化』の日常化だ。

『私は普通の人間だから監視など怖くない』と多くの人が言うだろう。しかしこのような考え方はどこから来たものなのか考えてほしい。こういったプロパガンダは『ナチスドイツ』も使っていた」

アメリカの情報局の情報収集とナチスドイツを並べています。

どこかで見た手口ですね。

そう、『報道ステーション』による自民党の緊急事態条項批判が、ヒトラーと安倍首相を重ね合わせたのと同工異曲です。

告発をしたスノーデン氏はアメリカと比較にならぬ情報管理と独裁政治の国である中国でアメリカを告発し、ロシアに亡命しています。

確かにNSAやCIAの情報活動に対しては、これまでも批判や懸念は再三出されてきました。そうした批判が可能なことこそが自由社会というものなのです。

ロシアの情報機関KGBを誰が批判できるでしょうか。ロシアでそんな批判をすれば消されます。中国の情報機関を中国内で公然と批判できる人がいるでしょうか。NSAの情報収集の手法に問題があったとしても、それはナチスやロシア、中国のような全体主義国家の情報活動とは全く違います。いつでも社会的な批判に晒されている点こそが最大の相違なのです。

政府の情報管理より恐ろしいテレビ報道

ところが、番組は暴走を続けます。

ナレーション「例えばアメリカでは、同時多発テロを機に『愛国者法』が成立しました。市民の通信記録などを収集するなど、大規模な監視活動が行われる一方、行き過ぎとも見られる捜査活動が横行します」

そして、番組では、２００４年にイスラム教徒二人が「共謀罪」でＦＢＩに逮捕された事例を解説し、おとり捜査による逮捕であり、懲役15年の判決を受けた二人は冤罪を訴えていると紹介します。

また、フランスではテロを賞賛するウェブサイトを日常的に見ているだけで処罰されるようになり、2年の拘禁および日本円でおよそ390万円の罰金（30000ユーロ）の支払いが命じられるとの事例が紹介されました。

行き過ぎの指摘をするのは簡単です。

しかし、こうした行き過ぎが生じるきっかけは、2001（平成13）年のアメリカ同時多発テロとその後のテロの多発です。移民を受け入れ、社会が混乱し、更には移動の自由からテロリストの欧米への移入が多発していることが大きな一因です。先ほど述べたように、平成27年の世界でのテロ発生件数は年間1万2000件、死者は3万人です。

既にテロは戦場なき戦争というところまで来ているのです。無差別殺人が戦争以上の犠牲を世界中にもたらしています。

番組はその深刻さを伝えずに、自由社会におけるテロ対策の行き過ぎのみにスポットを当てています。

しかも、ここまで繰り返し述べてきたように日本で成立したテロ等準備罪は、犯罪集団による凶悪犯罪の準備行為に罪を限定しており、NSAのような捜査手法の拡大はそもそも日本の警察には許されていません。

このような恣意的な誘導の後、更に、次のような亀石倫子氏のコメントが続きます。

亀石「人の行動を網羅的・継続的に監視することとは、全く関係のないプライベートな情報も入る。

そのデータをどのように使うのか、規制の全くない中で、警察に全て委ねられている。監視社会のレベルがアップするというか、新しい段階に行くのではという懸念がある」

ナレーション「では、欧米でも日本でもなぜ、こうした状況が生まれているのか。亀石弁護士は……」

亀石「時の政府にとって都合の良い、やりやすい社会、コントロールしやすい社会にして行きたいんだと思うんですね。

異論を唱えると自分が対象になるかも知れないという部分で萎縮が生じて、政府の進めたい方向に進めやすくなる。

もう既に前面に立ってものを言わないようにしようと思っている人がいるかもしれない。

この法律を作った政府の思うつぼであって、人々の声とか動きを押えつけていく時に、とても便利な法律になるのではないかと思いますね」

国際社会に蔓延(まんえん)するテロの深刻さも、立法趣旨も度外視し、欧米と日本が政府都合による監視社会になりつつあるという途方もない嘘をこの弁護士はついています。

欧米と日本という自由社会の政府は、どこも寧ろ、自由の行き過ぎによる統治能力の低下、特に移民を受け入れた欧米の場合は、伝統社会の安定と治安の双方において、大規模な崩壊現象が発生しています。政府にとってコントロールしたい社会の実現どころではありません。国民の生命財産の危機が現実化しているのです。

では、この後スタジオの討論はどう展開するでしょうか。少し長めに引用します。ここまでの議論を踏まえて各発言者のどこがでたらめかを読者ご自身でチェックしてみていただければ幸いです。

谷口真由美「日本国憲法でも内心の自由というものが認められている。そして政府を批判するという権利も表現の自由で認められている。こういう権利を自由権というふうに呼んできたんですね。これは実は他の権利よりも裁判所はより厳格にやりなさいということがあるので、重い人権と言われているんですね。国家から遠いと。そしてやっぱりこれ、秘密保護法と共謀罪がセットになった時どれだけ怖いかということを考えると、さっきのＦＢＩのおとり捜査じゃないんですけど、秘密保護法というのは国家が情報を出さない法なんですね、そして共謀罪というのは国家に私たちが情報を抜かれる法になるので、非対称が明らかなんですね。それを誰がチェックするんだっていう先ほどのお話に繋がると思います」

荻上チキ「共謀罪に反対する議論の中で、監視社会化が進むという言葉がよく出てくるんですけど、厳密に言うと、もうこの日本は監視社会になっているんですよね（関口宏「なってますね～」）。２０１１？　12年？　あのー、ムスリムの方に対して公安第三課が、もう監視をしていたと。一般のムスリムの方を対象に。ムスリムだけではなくて、モスクに通っていたというだけで監視されていて、その文書がピアツーピアソフトで流出して、そんな捜査をしていたんだということがバレたわけですね。つまり、何か法律を与える前から、今の日本の警察、あるいは公安というのは、監視の対象を広げて、一般人だろうととっくに対象としているような状況なんですよ（略）」

岸井成格「そうですね～、監視社会がどこまで進むのかって考えるとちょっとぞっとするところが、施行になったのでねえ、あるんですけど、もう一点私が重要な点だなと思うのは、権力というのかな、政府というのはね、必ず危ないなっていうような法律とか制度とか政策についてはね、良い言葉使うんですよ（笑）。それで国民をね、なんとなくそうじゃないよって思わせるっていう。だから今度の共謀罪も、テロ、テロ！　テロ対策でしょう？　でも我々が知っている限りではね、これテロ対策とも国際条約とも関係ないんですよね！（関口宏「らしいですね〜」）こういう所は全部ね、気をつけなきゃいけない！　国民もメディアも！」

呆れるばかりの発言のオンパレードです。

ここまで丁寧に見てきましたから、註釈は簡単にしておきましょう。

谷口氏は内心の自由に関する自由権を持ち出しています。しかし、準備行為に限定された今回のテロ等準備罪は内心の自由に係りません。

「秘密保護法と共謀罪がセットになった時どれだけ怖いか」と言っていますが、セットにはなりません。特定秘密保護法は従来の機密レベルを超えた軍事情報が主たる対象です。テロ等準備罪は犯罪集団の懲役4年以上の犯罪の準備を対象とした法律です。法律の対象が違いすぎ、「セット」になって、政府の国民への監視が強まるなどという事は起こりようがないのです。

また萩上氏が言うように一般のムスリムを監視対象としていたとの批判はもっともですが、

日本におけるイスラム教への理解のなさ、情報のなさを考えれば、イスラム過激派と大多数の常識あるムスリムの差を十分に把握した捜査が可能な状況にないことにこそ最大の問題があるはずです。イスラム社会やイスラム教への国民的理解や政府機関の研究を進めるのが解決の道です。

そもそも、常識ある日本国民が、公安がムスリムを若干過剰に監視していたと聞いて、日本が監視社会になったと思うでしょうか。

岸井氏の発言も驚くべきです。「これテロ対策とも国際条約とも関係ないんですよね～！」と氏は言いますが、どういう神経をしているのでしょうか。

そもそも国際的な組織犯罪の防止に関する国際連合条約の批准が目的ですから、法律は組織犯罪の処罰の強化からスタートします。テロかどうか以前に組織犯罪を防止するのが当然第一です。その上で、国際条約が言うところの組織犯罪の中心は言うまでもなくテロですから、テロ対策となるよう整備したわけです。

また、法案施行後、国連本部に条約の受諾書を送り、８月10日、日本は条約に批准しました。「国際条約とも関係ない」どころか直ちに条約に批准しています。

日本政府の情報管理よりはるかに恐ろしいのは、テレビ報道における情報管理です。

『サンデーモーニング』では、法案をこれだけ口を極めて、全出演者で非難しながら、法律の条文の紹介、他国との比較など客観報道をしていないのです。

客観的な事実を隠しながら、危険な法律との印象を流布し続けた。

ここまで各章で見てきた全事例に共通する「一番基本的なファクト」の隠蔽です。

もういい加減、この種の、「ファクト」を隠しながら視聴者を洗脳する情報犯罪を取り締まる新たな法律の制定が、必要なのではないでしょうか。

最終章

テレビはひどい、では視聴者はどうしたらいいのか
——コンシューマー運動の提案

日本はテレビが支配する暗黒社会か

以上、5章にわたり、日々流され続けているテレビ報道の一部をご紹介しつつ、論評してきました。

特にひどい場面を切り取ったのではありません。寧ろ平均的、日常的に毎日流されているものの平均値と言っていいでしょう。

全局、全日を丁寧にチェックすると、その「嘘」、「隠蔽」、極端な「偏り」、「素人談義の過ち」などを通じた視聴者への洗脳は、途方もない質量になっているに違いありません。

こうした報道番組のひどさは、量的な研究を重ねれば重ねるほど、国民的な大問題だという認識が広がるに違いありません。私は、後で触れますが、「放送法遵守を求める視聴者の会」という視聴者運動を平成27（2015）年10月に立ち上げ、テレビ報道の内容に関する分析・研究を積み重ねることで、テレビの正常化を促すデータベースの蓄積を開始しましたが、資金が続かず、この運動からは一度手を引きました。

しかし、ここまで見たようなファクトの上での虚偽を放置すれば、日本はテレビの支配する暗黒社会と何ら変わりません。

それを打破するには、ファクトを圧倒的な物量で積み重ねる実証研究しかない――この私の信念は変わりません。私より経済・組織的力量のある方が、何としてもテレビ報道の虚偽の丁寧なデータベース蓄積を引き継いでほしいというのが私の一番の切望です。

それはともあれ、ここまで見てきたテレビ報道の問題点を整理するとどうなるでしょう。

第一に指摘すべきは極端なイデオロギー的な偏向です。安保法制、テロ等準備罪の報道に見られるように、安全保障や国家の情報機能を強化する政策で、テレビは必ず極端な反対報道を繰り広げます。

また、ワイマール憲法特集に明らかなように、ヒトラーと安倍首相をオーバーラップさせるような、常軌を逸した安倍叩きが広く見られます。言うまでもなく安倍首相こそは憲法9条の戦後体制のままでは日本の安全は守り切れないという立場を明確に表明し、政策に反映させ続けている初めての総理大臣です。

テレビ報道が依って立つ価値観は、憲法9条は絶対守れ、安保は絶対反対、特定秘密保護法反対、テロ等準備罪反対……。要は戦後の平和主義と憲法9条至上主義、それから国家は悪、特に日本国家、日本政府は悪との立場です。その価値観を崩そうとするのは、無条件に悪だから、どんな手段でも阻止すべきだというものであり、安倍首相は9条平和主義を崩し、国家権力を強化しようとする総理大臣だから、無条件に叩き続ける――こういうことになっているわけです。この立場そのものが異常です。憲法改正や国家権力強化よりはるかに危険なものがある。北朝鮮、中国の脅威、テロ、スパイなどです。ところが、テレビ報道はそれら本当の危険を隠したまま、日本政府批判を続けています。

第二に、そうした反対の論陣に立つ場合、テレビは、賛否両論をきちんと紹介しません。極端なまでに一方の議論だけを垂れ流します。安倍政治を肯定的にとらえる専門家や論客をテレビは殆ど呼びません。私が主宰する「一般社団法人日本平和学研究所」が膨大な時間計測によって明らかにした特定秘密保護法の報道と安保報道の円グラフ（78ページ参照）を御覧になれば、時間公平への配慮がゼロで、殆どテレビによる全体主義と言える状況がよく分かるでしょう。更に印象操作を多用し、洗脳的な画像処理や音声処理を駆使します。

第三に、事実を無視した報道姿勢です。第5章で触れたばかりですが、『サンデーモーニング』は法案反対の論陣を張りながら、法案の中身を一度もきちんと報道していません。本文で書いた通り、この法案を「共謀罪」と呼ぶことからして虚偽報道です。そのような、法律が実際に定めている限定条件を伝えずに、治安維持法のような法律だとか、内心の自由を侵すなどという、法案の実態とかけ離れた虚偽のコメントを流し続けました。

本文では取り上げませんでしたが、平成29（２０１７）年の5月から8月まで世間を騒がせた「加計事件」の報道もひどいものでした。――安倍首相の友人の加計孝太郎氏の獣医学部新設で安倍首相が便宜を図ったとされ、安倍内閣の支持率は平均50％〜60％という戦後稀に見る高い数字が30％前後にまで落ち込みました。

実は、この事件は朝日新聞が主導した報道謀略で、安倍首相は冤罪事件の被害者です。この事件の全貌は前述の通り、拙著『徹底検証「森友・加計事件」朝日新聞による戦後最大級の報道犯罪』（飛鳥新社）で明らかにしていますから、興味ある方はご一読いただきたいのですが、驚くべきは、この疑惑を解明した時の国会閉会中審査のテレビ報道でした。

「総理の意向で行政が歪められた」と主張する前川喜平前文部科学次官と、「総理の意向など全く関係がなかった」と主張する獣医学部新設の当事者である加戸守行前愛媛県知事、国家戦略特区ワーキンググループ会合の座長代理の原英史氏が、国会で真っ向から対立しました。

ところが、平成29年7月10日14時19分以降から翌11日、この審査の後、昼のワイドショーを含む各局の合計30のニュース番組で、「加計学園問題」を扱った合計時間は8時間44分59

秒で、その中で前川氏の発言を取り上げた時間は2時間33分46秒だったのに対して、加戸氏と原氏を合計8分36秒だけしか報じなかったのです。

全局が、安倍叩き側の証人である前川氏のみを取り上げて、安倍首相に有利な事実を証言した2氏を視聴者から隠してしまったのです。

ここまで事実を隠せば、国民は状況を全く判断できません。

こんなテレビ報道を日々見せられている日本人は、実は北朝鮮の国民以上の情報難民と言うべきでしょう。北朝鮮の国民は誰も国営放送など真に受けていません。しかし日本国民は森友加計事件についての冤罪による安倍叩きを真に受けてしまい、平成29年7月の数字で、安倍首相が信用できないという世論調査の数字は61％に達しているからです（朝日新聞）。

つまり日本国民はネットによって情報が相対化されている現在でさえも、新聞とテレビが連動してのプロパガンダにころりと騙される情報難民状態だということです。テレビが事実を無視したり隠すことでどれだけ日本人の政治判断に誤りが生じているかを思うと、慄然(りつぜん)とします。

テレビは加計問題「閉会中審査」をどう報じたか？

前川喜平氏、加戸守行氏、原英史氏を比較

「加計学園」報道全体の時間＝8時間44分59秒

前川喜平前文科事務次官の発言を放送した時間

2時間33分46秒

→国会中審査での答弁時間／前川氏：1時間13分24秒
（衆議院44分40秒、参議院28分44秒）
→答弁時間と発言を取り上げたテレビ報道時間の割合／前川氏＝209％

行政が歪められた

意見が対立！

加戸守行前愛媛県知事の発言を放送した時間

6分1秒

→国会中審査での答弁時間／加戸氏：22分36秒
（参議院のみ）
→答弁時間と発言を取り上げたテレビ報道時間の割合／加戸氏＝27％

歪められた行政が正された

原英史国家戦略特区ワーキンググループ委員の発言を放送した時間

2分35秒

→閉会中審査での答弁時間／原氏：12分21秒
（衆議院のみ）
→答弁時間と発言を取り上げたテレビ報道時間の割合／原氏＝21％

規制改革のプロセスに一点の曇りもない

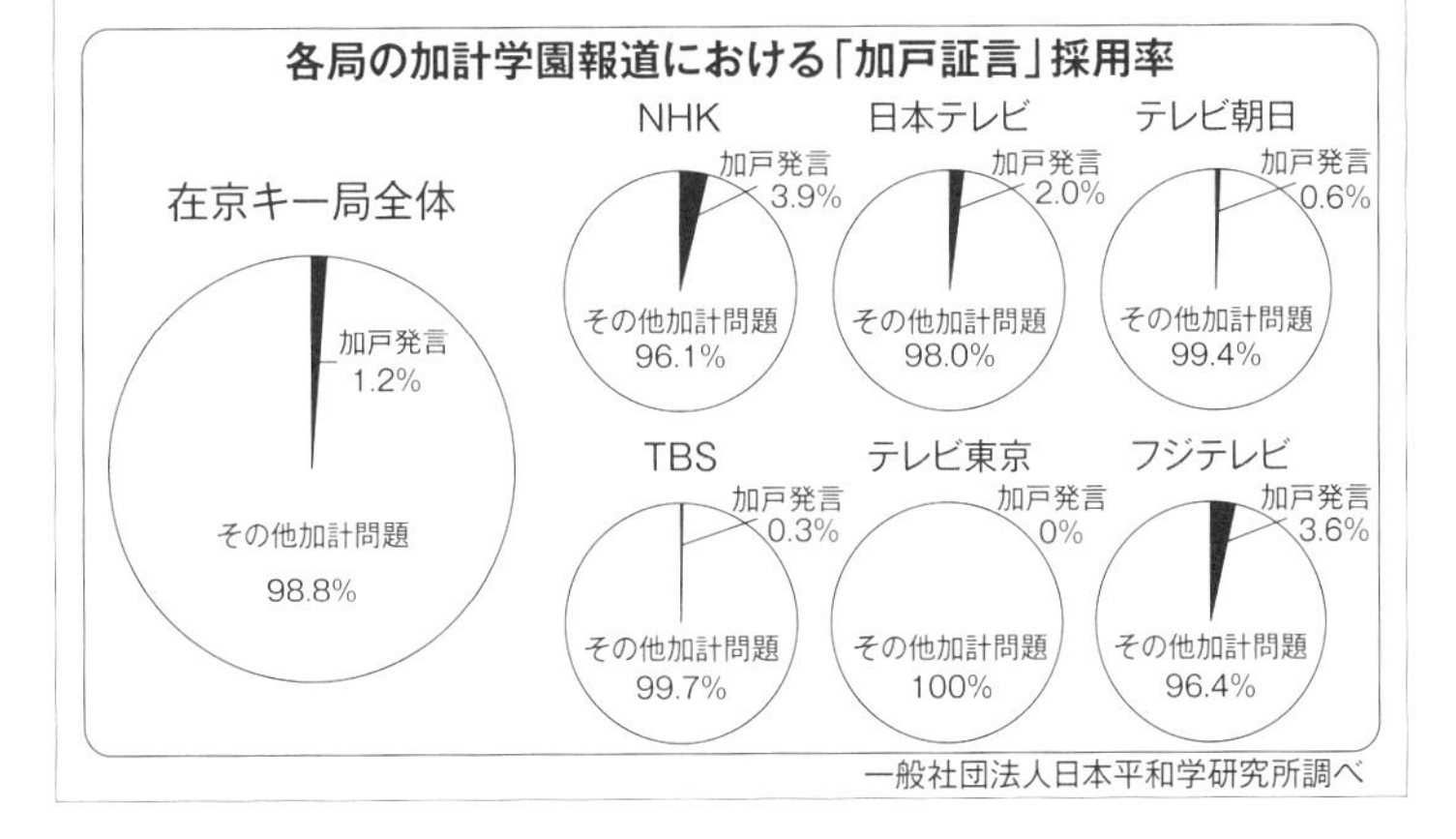

一般社団法人日本平和学研究所調べ

国民を洗脳するワイドショー

第四のテレビ報道の問題は、専門家の不在です。テレビが事実を報じない以上、当然ながら真面目な専門家のコメントが出てくることは稀になります。真面目で正義感のある専門家であれば、事実の隠蔽や歪曲に迎合できないからです。

大学教授をはじめ、いっぱしの肩書のある人とは思えない素人談義が、本書のようにごくわずかな切り取りでも日々オンパレードでした。自民党の改憲草案の批判番組でも、自民党の法案を隠した上での批判、テロ等準備罪も限定条件を隠した上での批判、安保法制でも最も重要な「我が国の存立危機自体」での集団的自衛権行使という根本を隠した上での批判――こんなお粗末な議論は、まともな学者や専門家ならば付き合っていられません。テレビの嘘に迎合できる良心のない人が出演する傾向が強くなるのは当然でしょう。

第五に、本書では第3章で、番組制作者に情報工作員が潜伏している可能性を指摘しました。日本の国益を意図的に破壊しようとする勢力はテレビ局全体を見れば、相当数入り込んでいると推定されます。

こうしたテレビ報道のひどさに輪をかけるのが、昼間のワイドショーです。
ここでも以上指摘した問題点がそのままお茶の間に垂れ流されます。
素人のおしゃべりが売りですから、一層たちが悪いと言っていいかもしれません。

龍崎孝（流通経済大学教授）「山尾志桜里（やまおしおり）は政治より個人の生活（不倫）を優先した。政治家の資格はない！」

室井佑月「あたしは、なんか、仕事ができる人のほうがいいわけだから、そりゃ誰に対しても、仕事をきちんとしてたら、下半身の事情より仕事をどれだけやって、ここで終わりになっちゃうのはちょっと勿体ないような感じ」（ＴＢＳ『ひるおび！』・平成29年9月7日）

民進党の山尾氏が夫や子供がある身で、妻子持ちの弁護士・倉持麟太郎（くらもちりんたろう）氏と不倫をしていたことが週刊誌報道で発覚しました。室井氏は山尾氏を擁護します。これは一つの立場として別に私も反対しません。ところが同じ室井氏が、自民党の宮崎謙介（みやざきけんすけ）氏の不倫が発覚した時には次のように発言しているのです。

「税金で給与もらってる。私の財布からお金取って行ってるのに不倫してる」（TOKYO MX『オトナの夜のワイドショー！バラいろダンディ』・平成28年2月10日）

宮崎氏の下半身と山尾氏の下半身とは、ベクトルが正反対を向いているのでしょうか。要するに安倍叩き側の民進党議員の不倫なら構わないが、自民党議員の不倫は許せないというダブルスタンダードです。

アナウンサー「（山尾志桜里は）去年地球5周分のガソリン代の不正支出疑惑、この説明責任を果たしていないというような声もありましたよね」

伊藤惇夫（いとうあつお）（政治アナリスト）「まあ、自民党の議員も皆やってますけどね、この件はね（スタジオ笑い）」（フジテレビ『とくダネ』・平成29年9月16日）

自民党議員の誰が1年で地球5周分のガソリン代の不正支出をしているのでしょうか。伊藤氏は説明する責任があります。少なくとも私は寡聞（かぶん）にして知りません。

この伊藤氏というのは極めていかがわしい人物で、政治アナリストを名乗ってはいますが、政治の専門家とは到底言えません。安倍政権の支持率が加計騒動で大幅に下がる中で、伊藤氏は安倍首相が大分豪雨被災地を訪問したことについてこんなコメントをしています。

伊藤「外遊日程を一日前倒しして帰ってこられて、すぐ被災地に向かったんですが、ちょっと、アピールかなと、いう気もしますし、皆さんが必死になって復興に取り組んでいる時に、果たして行ったことがね、地元でね、皆さんにちょっと負担かけてるんじゃないかなっていうそんな気もするんですよね（略）」

中北浩爾（一橋大学教授）「やっぱり（支持率低下で）厳しい状況だから、被災者に寄り添うというか、そういうスタイルを、やっぱり取りたいっていうことなんじゃないでしょうかね」

恵俊彰（司会者）「浅野さん、まあ動いたら動いたでいろんな批判にあうんですね」

浅野史郎（前宮城県知事）「そうですね、まあ素直な気持ちで行ったんじゃないですか。そう思いましょう（周囲に笑い起こる）」（TBS『ひるおび！』・平成29年7月13日）

安倍首相は支持率が高かろうが低かろうが、テレビが取り上げようと取り上げまいと、大きな災害の被災地への訪問を欠かしたことはありません。東日本大震災の被災地訪問も、首相になる前からずっと続け、首相就任後も休日を返上して訪問を続けており、平成29年7月の段階で35回も訪問しています。

激務の中、尋常ではない数字です。

被災地訪問は安倍首相のPRの手段ではなく、日常的に実践してきた政治信条なのでしょう。

つまり、支持率が下がったから選挙目当てで被災地を訪問してみせたんだろうという趣旨の発言全部が虚報であり、何よりも人として低劣な中傷ではないでしょうか。

加計問題での国会特別審査についても、先に示したように、加戸氏や原氏という重要な証人を隠した上で、次のように安倍叩きを繰り広げています。

室井佑月「見てててこれ、安倍総理が言わしてるように感じちゃう」

森朗（気象予報士）「どうにかおかしい、と。お友達で固めておかしいな？と。安倍一強で中枢が腐ってるんじゃないか？っていう」

伊藤惇夫「安倍総理に対する不信感が解けない限り、支持率回復は難しんじゃないかな？ っていう感じはします」

牧島博子（ジャーナリスト）「「内閣改造で失敗するともう立ち直れないんじゃないかなっていう印象を持ちます」

ふかわりょう（タレント）「個人的には先日の都議選の敗北で安倍さんの魔法が解けてしまったなあという印象がありまして」（ＴＢＳ『ひるおび！』・平成29年7月13日）

全ては印象です。

安倍首相が怪しいという印象を口々に語り続けている。

こうして印象のみで安倍首相を貶め続けるワイドショーが、とりわけ女性層を洗脳して安倍嫌いにしてゆきます。

テレビ報道はまるで暴力だ

さらに安倍叩きには強力な援軍があります。女性週刊誌です。

例えば安保法制の時の女性誌は、圧巻の政治プロパガンダを繰り広げ続けました。

また、平成29年前半の森友問題の時には安倍首相の夫人である昭恵氏を叩き続けたのも女性週刊誌です。とりわけ『週刊女性』（主婦と生活社）の政治的な左翼突出ぶりはすさまじく、女性誌というよりも政治プロパガンダ誌だという実態は一覧を見れば明らかでしょう。

こうして夜のテレビ報道で仕事帰りのお父さんを洗脳し、日曜日の朝の政治報道ではお爺ちゃんを洗脳し、ワイドショーが女性週刊誌とぐるになって主婦層を洗脳します。

もはや、テレビは、偽情報で日本人の政治判断や政治的な情念をコントロールする、国家破壊装置と呼んで過言ではないのではないでしょうか。

ところが面倒なことがある。

テレビに関わる人たちの多くは、別段そんな邪悪な存在には見えないということです。

女子アナウンサーや小倉智昭氏、富川悠太氏らを見ていれば、彼らが暴力犯罪者には到底見えません。

いや、本文で厳しく批判した岸井成格氏やテリー伊藤氏だって、別に個人として見ればさして悪いことのできるような人たちではないでしょう。大組織に守られて偉そうな口をきいているだけで、例えば、岸井氏などは、今まで私が幾ら公開討論を申し入れても絶対に出て

『週刊女性』安保法制関連記事の見出し一覧

2015年2月23日号
〈憲法を変えて『戦争をする国』になるの？〉
2015年7月7日・14日合併号
〈「戦争法案」とニッポンの行方――あなたの子どもがアメリカのために殺し、殺される国になる！〉
〈このままでは戦争に…国会前での"緊急"青空説法を全言公開――寂聴さん『この身命賭しても安倍さんの政治を糾します！』〉
2015年7月28日号
〈特集・安保法制とブラック国家ニッポン〉
〈美智子さま「次世代への伝言」と「戦争への危機感」〉
2015年8月4日号
〈保法案強行採決　安倍首相をどう懲らしめようか〉
2015年8月11日号
〈安保法案強行採決 第2弾 そもそも安倍首相はどうして法案にこだわるの？〉
2015年8月25日号
〈【10P大特集】現地徹底取材［戦後70年］沖縄から見た安保法制〉
2015年9月2日号
〈【安保法制強行採決を許さない！第3弾】安倍首相が"いい人ぶっている"本当の理由〉
2015年9月8日号
〈【安保法制強行採決を許さない！第4弾】体験者が語る戦争「あの夏のことを話しましょう」〉
2015年9月15日号
〈【安保法制強行採決を許さない！第5弾】貧困家庭に襲いかかる「経済的徴兵」のワナ〉
2015年9月22日号
〈【安保法案強行採決を許さない！第6弾】前略安倍首相、なぜ私たちが怒っているかわかりますか？〉
2015年9月29日号
〈【安保法案を許さない！第7弾】安倍首相はやっぱり何もわかっていなかった！〉
2015年10月6日号
〈【安保法案を許さない！第8弾】安倍首相を追い込む民意のゆくえ　法案立案で終わりじゃない！〉
2015年10月13日号
〈【安保関連法の廃止を求める声はやまず…】安倍首相、ゴルフする暇があったら反対意見を聞いてよ！〉
2015年10月20日号
〈(結局「戦争放棄の国ニッポン」はどうなるの？)「安保法」で変わったこと、かわること〉

こなかったほど、自信のない臆病者に過ぎません。

現在のテレビが総体として暴力組織であるのは明らかですが、司令塔があるわけでも、巨大な陰謀が組織的に仕掛けられているのでもありません。

テレビ報道の状況は、一朝一夕に今日のようになったのではなく、偶然と必然が様々に組み合わさって、ここまでひどい政治暴力を形成するに至ったのです。

本書のここまでの議論を踏まえておさらいすると、だいたい次のような次第で、日本のテレビは横一線で左翼プロパガンダ的な報道を垂れ流すに至ったと考えられます。

①テレビには元々朝日新聞を基準にする傾向があります。朝日新聞がクオリティーペーパーとされてきた戦後左翼思潮全盛期の名残です。本来なら日本テレビは読売新聞、フジテレビは産経新聞の論調を前面に出すべきですが、テレビ報道は全局朝日新聞を基準にしているため、左翼横一線報道が改まりません。

②『報道ステーション』の前身である『ニュースステーション』が成功したため、それが他局の報道バラエティーの先例となったことがその傾向を大いに助長しました。朝日新聞の影響が二重に他局に及ぶことになったのです。日本のテレビは他局で視聴率が取れる番組が出

現すると、その後追いをするという情けない傾向があります。逆張りをして視聴率が取れなければ責任を取らされるが、後追いで視聴率が取れなくても言い訳が立つからです。こうして保守系のニュース番組が誕生しにくい風土ができてしまいました。

③テレビ業界の中には、反自民、反保守の広い人脈利権が切れ目のないネットワークを長期にわたって形成されています。例えば報道ステーションが重用する憲法学者の木村草太氏は37歳、学術的な業績もない上、一般的な憲法関連の著書で社会的に認知されていたわけでもなく、学説も日本の憲法学界という問題だらけの学界の平均値に比べてさえ、法学的に無理な憲法解釈を披歴しています。何でこんな無名の若者がいきなり高視聴率の報道番組のコメンテーターとして出てきたのか。要するに、左翼から左翼への人脈利権の中で、テレビで聞かれる専門家の見解が極左や反保守のオンパレードになっているのです。

このような業界の人脈利権は最も断ち切り難いものです。

④政治報道は、政治部と社会部が担当するのですが、政党や政治家と密接に付き合いながら報道する政治部に比べ、社会部は政治の現実を知らず、しかも伝統的に極左の労組の影響力が大変強い部署です。森友・加計報道は社会部が主導しました。社会部が番組の主導権を取ると、殆ど極左の宣伝機関のような報道が横行することになります。

⑤北朝鮮報道の項で紹介しましたが、テレビ報道には北朝鮮、韓国、中国の情報工作が入っている場合も相当あると推定されます。各局の管理職、ディレクター、番組制作会社などにも、これらの国の関係者、日本への強い憎悪や、明確な工作意図を持った人間が多数入り込んでいるのは間違いないでしょう。残念ながら日本の公安警察はこうした情報工作について非力です。

なぜテレビ局は暴走できるのか

では、私たちはどうしたらいいのか。

ここまで極端な事実隠し、虚偽や印象による政治宣伝を指をくわえて見ている他はないのでしょうか。

通常の企業の製品であれば、ここまで問題があるものを法律で取り締まれないということはあり得ません。

事実に反する報道、重要な事実を隠す報道など、通常の企業モラルで言えば、社会的に許されるはずがありません。

賛否の一方だけを9割以上の時間を割いて伝える報道など、通常の企業モラルで言えば、社会的に許されるはずがありません。

いや、本来ならテレビ報道は通常の企業モラル以上に厳しい自己規律を持ち、政治的公平性や事実へのこだわりを追求してくれねば困るのです。

なぜなら、テレビ報道は、国民の多くの政治判断の基礎となるからです。デモクラシーによる政治とは、国民の政治判断――民意による政治です。その民意を決める最重要な手段であるテレビ報道が、虚偽と異常な賛否バランスと素人談義で占められているということは、デモクラシーの自己否定に他なりません。

実際、放送法の第一条は次のように定め、テレビの政治性について厳しくこれを排除しています。

〈第一条　この法律は、次に掲げる原則に従つて、放送を公共の福祉に適合するように規律し、その健全な発達を図ることを目的とする。

一　放送が国民に最大限に普及されて、その効用をもたらすことを保障すること。

二　放送の不偏不党、真実及び自律を保障することによつて、放送による表現の自由を確保すること。

三　放送に携わる者の職責を明らかにすることによつて、放送が健全な民主主義の発達に資するようにすること〉

放送法第一条は、放送の根本を規定しています。鍵となるのは「公共の福祉」に適合することであり、そのためのキーワードとして放送法は「放送の不偏不党」「真実」「自律」を挙げています。通常、この第一条は、政府の圧力から放送事業者を守る条文だと説明されますが、むろんそれだけではありません。「放送の不偏不党」という言葉は極めて重い規定です。放送局が政府のコントロール下に置かれてならないのは当然ですが、反政府のプロパガンダ機関になることも放送法第一条の根本理念に完全に違反します。

極め付けは「放送が健全な民主主義の発達に資するようにすること」との規定でしょう。今のように一方的なプロパガンダで国民が事実を知ることさえできていない現状では、テレビこそが民主主義の発達を妨げる主原因となっているという他はありません。悲しいことに、テレビは、放送法の根本理念を自ら踏みにじり続けているのです。

更に、テレビの現状は、「はじめに」にご紹介した放送法第四条にも明らかに違反しています。

非常に大切な法律なので、ここにも再掲しておきましょう。

〈第四条　放送事業者は、国内放送及び内外放送（以下「国内放送等」という。）の放送番組の編集に当たつては、次の各号の定めるところによらなければならない。

一　公安及び善良な風俗を害しないこと。

二　政治的に公平であること。

三　報道は事実をまげないですること。

四　意見が対立している問題については、できるだけ多くの角度から論点を明らかにすること〉

本書をお読みいただいた皆さんには、テレビがどれほどどこの法律を踏み躙っているか、今更申し上げるまでもないでしょう。

しかし、不思議だとは思いませんか？

これほど明確な放送法第四条の規定があるのに、なぜテレビ局は、平然とそれを破り続けられるのでしょう。

でも、これは簡単な話なのです。

罰則規定がないからです。

いや、罰則規定はあるにはあります。現在の放送法は、放送事業者が放送法に違反した時には、総務大臣が最大2カ月の免許停止を放送事業者に命じることができると書かれています。

しかし、具体的にどういう場合にどの程度の処分をするのかという細目が全く規定されていないのです。

現状の放送法を文字通りに解釈すると、総務大臣が、自分の主観だけでテレビの電波を止められてしまうことになります。それはあまりにも危険です。このような罰則を伴わない規定は倫理規定とされ、一般に法理的には、法律に書かれてはいてもあくまでも業者の自主的な判断に委ねられるとされています。

要するに、この法律は「書いてあるだけ」で「使えない」法律なのです。

もちろん、そう言ってしまっては元も子もない。

守らなくてもいい条文ならば、法律の意味をなしません。

私が「放送法遵守を求める視聴者の会」の事務局長だった平成27（2015）年12月4日、当時の総務大臣高市早苗氏宛に、放送法第四条一項第二号の「政治的に公平であること」についての公開質問を発出しました。

以下は総務大臣回答の一部です。

〈放送法第四条一項第二号の「政治的に公平であること」について、総務省としては、これまで、政治的な問題を取り扱う放送番組の編集に当たっては、不偏不党の立場から、特定の政治的見解に偏ることなく、番組全体としてバランスのとれたものでなければならないとしてきたところであり、基本的には、一つの番組というよりは、放送事業者の番組全体を見て判断する必要があるという考え方を示して参りました。

他方、一つの番組のみでも、例えば、

①選挙期間中又はそれに近接する期間において、殊更に特定の候補者や候補予定者のみを相当の時間にわたり取り上げる特別番組を放送した場合のように、選挙の公平性に明らかに支障を及ぼすと認められる場合、

②国論を二分するような政治課題について、放送事業者が、一方の政治的見解を取り上げず、殊更に、他の政治的見解のみを取り上げて、それを支持する内容を相当の時間にわたり繰り返す番組を放送した場合のように、当該放送事業者の番組編集が不偏不党の立場から明らかに逸脱していると認められる場合

といった極端な場合においては、一般論として「政治的に公平であること」を確保しているとは認められないと考えております〉

この高市大臣の見解は、政府の統一見解ともなっています。

しかし、テレビの現状が、この総務大臣見解から見ても、放送法を全く蹂躙（じゅうりん）しているのは明らかでしょう。

放送法という法律がある。

総務大臣見解もある。

それでも、テレビの現状は、それを嘲笑しながら、暴走し続けている。

日本の法律は、こんなにも軽い存在なのでしょうか。

放送番組に係る規律についての **国際比較**

			日本	米国	英国	仏国	独国	韓国
放送を規律する根拠法令			·放送法 ·電波法	·刑法 ·34年通信法 ·96年通信法 ·FCC規則等	·90年放送法 ·96年放送法 ·03年通信法 ·Ofcom番組基準	·視聴覚通信法 ·CSAと放送事業者の協定	·放送州間協定 ·各州放送法 ·青少年保護州間協定	·放送法 ·放送審議規程
行政による強制的措置	行政上の措置	番組基準の制定	なし	○	○	○	○	○
		訂正放送等の命令／課徴金	なし	○	○	○	○	○
		放送免許停止または取消し	事実上なし	○	○	○	○	○
	刑事罰		なし	○		○	○	○
放送事業者の自主的取組を求める規律（番組基準の作成、番組審査機関の設置）			○					

※平成22年総務省資料をもとに一般社団法人日本平和研究所が作成

日本政府とは、こんな違法団体を放置し、国民の知る権利を守るために動くこともできない無力な存在なのでしょうか。

左翼に汚染されたBPO

諸外国ではどうなっているのでしょう。

例えばアメリカ、イギリス、フランス、ドイツ、韓国では放送免許停止または取り消しとなるケースもあります。また、イギリスを除く4か国では、場合によっては刑事罰を課せられることまであるのです。

このように日本以外の先進国では、どの国においてもテレビ局の放送内容に関して、罰則規定があります。それがないのは日本だけです。

いや、その代わり、日本にはBPO（放送倫理・番組向上機構）という組織があり、テレビの内容をしっかり監視しているのではないか。そう思っておられる方も沢山いるのではないでしょうか。

しかし、実態はまるで違います。

一般に、BPOはNHKと日本民間放送連盟（民放連）によって設置された「第三者機関」であるとの説明がなされていますが、そもそも放送事業者自身が立ち上げた組織を「第三者機関」とは言いません。

業界団体と言うべきであって、監督団体たり得るはずがありません。

そもそもこの団体は、「政府の介入」から放送事業者を守るというのが自らの位置づけです。

確かに政府が強権をもって、言論を圧迫するという社会状況ならば、それも必要でしょう。しかし、今の日本では、本書で見てきた通り、テレビ報道は、「政府の介入」の前に弱弱しくたじろいでいるどころか、嘘の無限乱射で政府をボロボロに叩きのめし続けているというのが実態でしょう。

今、日本にどうしても必要なのはテレビを政府から守ることではなく、テレビの一方的な電波独占から、国民の知る権利を守る制度的保障なのです。

ところが、ＢＰＯは国民的な声を広く吸収できるような組織ではなく、構成員が左翼とテレビ業界人に占められています。

ＢＰＯ内の放送倫理検証委員会の委員長は川端和治氏（弁護士）です。朝日新聞社コンプライアンス委員会委員や、原子力損害賠償支援機構運営委員長などを歴任しています。

委員の斎藤貴男氏（ジャーナリスト）は「マスコミ9条の会」の呼びかけ人で、次のような発言をしています。

〈なにしろ相手は安倍政権だ。彼らの辞書には「人権」も「自由」も存在しない。このままでは、私たちは私たちの生活や社会の将来を選択する局面でさえ、カネの力に操られる運命を免れない〉（平成29年2月28日・日刊ゲンダイ）

まともな政権批判ではありません。こんな誹謗中傷を書く人間がＢＰＯの委員とは恐ろしい話です。

是枝裕和氏（映画監督）は、元テレビマンユニオンで、同じく9条護憲論者、筋金入りの

9条左翼です。

是枝氏は放送法一条二項の〈放送の不偏不党、真実及び自律を保障することによつて、放送による表現の自由を確保すること〉について、平成27年11月7日に自身のブログで次のように解釈しています。

〈我々（公権力）の意向を忖度（そんたく）したりするとまたこの間みたいな失敗を繰り返しちゃうから、そんなことは気にせずに真実を追求してよ。その為のあなた方の自由は憲法で保障されてるのと同様に私たちが保障するからご心配なく。だけど電波は限られてるから、そこんとこは自分たちで考えて慎重にね〉

ちなみに「失敗を繰り返しちゃうから」というのは、同ブログ記事で氏が〈「公権力」と「放送」が結託したことによってもたらされた不幸な過去への反省からこの「放送法」はスタートしている〉と書いていることから、戦前・戦中の日本の状況を指しているのでしょう。しかし本書で見た通り、現在のテレビが反権力だからと言って「真実を追求」など全くしていないのは明らかでしょう。

委員長代行の升味佐江子氏（弁護士）はデモクラTVと沖縄タイムスによる「新沖縄通信」というネット番組に出演しています。沖縄タイムスが反日極左新聞なのは言うまでもありません。

渋谷秀樹氏（立教大学大学院法務研究科教授）は日の丸・君が代について次の通り語っています。

〈このような（「日の丸・君が代」）強制は、真摯に一人一人個性をもって児童・生徒に向かい合おうとする教師を萎縮させ、自分の頭の中で、何が正しくて、何が間違っているのか、を自律的に考えていく力を養うという、日本国憲法の根本原理に借定した個人主義に対する深い洞察を行うことを停止させるようなことが行われているのではないか〉（平成20年9月8日「論説『日の丸・君が代』強制についての憲法判断のあり方――学校儀式における教師の場合――」）

日の丸・君が代は法律で定められた日本の国旗・国歌です。儀式も教育も、基本はあるルールに基づく「強制」なのであり、その一部だけを取り上げて「自律的に考えていく力」や

「個人主義への洞察」を奪うなどとする理論的根拠は何なのでしょう。

体育祭の参加は「強制」です。授業を8時40分から開始するのも強制です。ある出版社の教科書を使用するのも「強制」です。なぜ日の丸、君が代の「強制」だけが問題視されねばならないのでしょうか。日の丸・君が代に執拗に反対するのは、国民感情とも著しく反します。各種スポーツ大会などを見ても、国民各層に自然に受け入れられているのが実態でしょう。

鈴木嘉一氏（放送評論家・ジャーナリスト）は、元読売新聞東京本社編集委員ですが、読売の立場より朝日にずっと近い見解の持主です。

藤田真文氏（法政大学社会学部教授）も　ツイッターでは左翼的な立場を取っています。

以上、ＢＰＯの委員の一部、他も似たり寄ったりです。国民一般の感情や判断から程遠い極左による委員会構成であることに、一驚する他ありません。

逆を考えても分ります。

テレビ報道をチェックする機関が、例えば右派と目されるチャンネル桜や虎ノ門ニュースのメンバーだけだとしたら明らかに公平性を欠くでしょう。テレビのチェック機関は、左であれ右であれ、極端な人間は少数に留め、全体としてバランスの取れた国民的な両論を代表するチェック機関であるべきではないのでしょうか。

さらに、ＢＰＯは活動量も全く不足しています。平成28（２０１６）年1月〜12月に、視聴者からＢＰＯに寄せられた意見は1万２４９２件ですが、実際の取り組み（２０１６年）は、倫理委員会の方が、委員会決定：２件、審議事案：２件、人権委員会決定：２件、審議事案：６件というお粗末さです。

政治案件は滅多に取り上げません。しかし取り上げられる場合は、本書に紹介した事実隠蔽や歪曲は一切無視され、保守側の偏向のみを問題にしてきました。

金の流れや用途も甚だ怪しい。

ＢＰＯの構成員はＮＨＫ、民放連、民放連会員各社、その他理事会が承認した一般放送事業者２０５社（平成26年4月現在）で、経費は「会費その他の収入をもって支弁する」とされています（ＢＰＯ規約第40条）。

平成26年度の事業活動収入は、会費収入などで4億５２０万円を計上しています。

要するに、監視されるべき事業者の側が、皆で大金を支払って、テレビと同じ左翼イデオロギーの委員にお手盛りで審議をさせ、しかも、約４億円の収入があるのに、年間９件の仕事しかしていない。

テレビを公正化する第三者機関どころか、存在そのものがスキャンダルと言うべきではないでしょうか。

いかにテレビと戦うか

放送法は嘲笑され、無視され続ける。

総務大臣見解は無力です。

ＢＰＯは実は極左同業団体で、存在自体が不祥事です。

こうして、いかなる無法に対しても国民側からクレームをつけ、状況を改善する道は完全にふさがれているのが放送業界なのです。

この現状を変えるのは残念ながらあまりにも困難だと言うほかありません。

なぜでしょうか。

一切の法的、国民的な監視や規制がない人たちに、国民全員に向けた宣伝用マイクを握らせてしまえば、もう取り締まりようはないからです。

こんな異常なことは世界の自由主義国家を通じてあり得ません。

法規制なき権力などがあっていいはずがない。

ところが、日本のテレビは、正に法規制、監視、罰則ゼロの「絶対権力」そのものです。

その結果が、本書を通じて検証してきたような、驚くべき虚報と嘘コメントの山なのです。

無法者に法規制なき権力を与えてしまった後に、それを取り上げるのは至難です。

むろん、日本のテレビ報道は、スターリンや毛沢東（もうたくとう）や金正恩のように情け容赦ない暴力で対立者を皆殺ししてゆく露骨な権力とは違います。そこには一人の独裁者も司令塔も存在しません。一部の工作員や強烈な日本破壊主義者が全体の論調をリードしているのは事実ですが、寧ろ、良識の仮面をかぶり、穏やかな日常生活に溶け込みつつ、政治プロパガンダを通じて国民の政治判断をコントロールする、司令塔なきイデオロギー集団となっている。

どうしたら、この主体なき洗脳の共同体から、国民の知る権利を取り戻す事ができるのでしょう。

まず原理的なことを言います。

テレビ局の政治プロパガンダや事実隠蔽は確信犯です。

改める気などありません。

しかもマイクを押えている。

放送局を握るということは、独裁権力が、権力を掌握して、まず最初にやることです。マイクを握った人間ほど強いものはないのです。

筋論を言えば、放送法第四条を盾に、政府が免許更新を拒めば宜しい。

また、第四条に違反の場合の細目を作り、電波停止命令を総務大臣に一任せず、国民の代表となる第三者組織に監視させ続ければ宜しい。

しかし、総務省も政府与党も、政治による言論の圧殺だという批判を怖れて、法律の細目を定めたり第三者機関の立ち上げにどうしても動こうとしません。

これがマイクを持つ者の強さと持たない者の弱さの差です。

では、再び問いましょう。

私たちはどうしたらいいのか。

放送局は法律を守らず、政府は取り締まりに立ち上がらない。

国民はこんなテレビの嘘に飼い殺しにされ続けて、黙っていなければならないのでしょうか。

いや、戦う道はあります。

そのためのヒントとして、かつて私が「放送法遵守を求める視聴者の会」の事務局長だった時に発出した次の文書をご紹介して、本書を閉じることにしたいと思います。

「ＴＢＳ社による重大かつ明白な放送法４条違反と思料される件に関する声明　放送法遵守を求める視聴者の会　平成28年４月１日」という文書で、全文は堅苦しく長いものですから、巻末に参考資料として添付しておきます。

その中で、私は、ＴＢＳ社が如何に放送法四条を蹂躙し続けているかをデータをもとに批判した上で、ＴＢＳが社内調査や、第三者機関による放送内容のチェックなどに動かないのであれば、私たちはスポンサーへの注意喚起に入ると書きました。

その部分のみをここではご紹介しましょう。

私は次のようにスポンサーへの注意喚起の方針を明確に打ち出しました。

①当該番組のスポンサー企業各社に対して調査報告を送付。
②スポンサー企業が問題の所在を確認し、自らの判断により適切に対処することで、違法報道による社会的な負の影響（ネガティブ・インパクト）にスポンサー企業自身が加担するリスクを防ぎ、社会的責務・株主に対する責務をより良く果たせるよう提言書を添付。

③放送事業者とスポンサー企業が協同して果たすべき社会的責任について、広く国民的な注意喚起運動を開始する。

視聴者の会は、元々私が立ち上げた弱小団体です。それだけに、この声明の前に送付した質問状などには、TBSは木で鼻を括った馬鹿にした対応しかしてきませんでした。ところが今回の声明に対してだけは、ただちに反応します。それも激烈な反応でした。

以下、TBSが公式にプレス・リリースした反応をご覧ください。

〈弊社スポンサーへの圧力を公言した団体の声明について

2016年4月6日
株式会社TBSテレビ

弊社は、少数派を含めた多様な意見を紹介し、権力に行き過ぎがないかをチェックするという報道機関の使命を認識し、自律的に公平・公正な番組作りを行っております。放送法に違反しているとはまったく考えておりません。

今般、「放送法遵守を求める視聴者の会」が見解の相違を理由に弊社番組のスポンサーに圧力をかけるなどと公言していることは、表現の自由、ひいては民主主義に対する重大な挑戦であり、看過できない行為であると言わざるを得ません。

弊社は、今後も放送法を尊重し、国民の知る権利に応えるとともに、愛される番組作りに、一層努力を傾けて参ります〉

「弊社スポンサーへの圧力を公言した団体」とは恐れ入ります。

繰り返しますが、視聴者の会は、私が立ち上げた弱小団体です。ＴＢＳは日本を代表する巨大メディアで系列ネットワークだけでも28社、資本金3億円です。

もちろんスポンサー会社の殆どは大企業です。

私が非力な中、少数の同志と必死に運営していたに過ぎない視聴者の会にこんなに激烈な反応をする必要はないでしょう。

なぜここまで激烈な反応をしたのか。

言うまでもなく、声明に「スポンサー」という言葉があったからです。

もちろん、私は声明文でスポンサーへの圧力を公言などしていません。

では何と書いたか。

スポンサーへの圧力はかけたくないが、「一定の形式や節度を重視しつつも、国民的なスポンサー運動の展開を検討せざるを得ない」と書きました。

国民とは視聴者でありＴＢＳのお客様です。

また、スポンサー会社から見れば購入者であり、これ又お客様です。

ＴＢＳが放送法四条違反をしていると、お客様の多くが感じている。

法律は守らない、虚報は続ける。——本来のビジネス形態ならば視聴者が金を払わなくなり、自然にＴＢＳが潰れるという自由競争の原理が働きます。

ところが、日本の地上波テレビの場合、視聴者は、放送局から有料で番組を買うのではありません。金の出所は大手企業です。

要するに、我々視聴者というお客様はただで番組を見ている。顧客としてテレビ番組を購入しない代わり、直接的な不売運動もできないわけです。

では、スポンサー企業にとってはどうでしょう。

彼らが関心があるのは視聴率だけです。ＣＭ効果が上がりさえすればいい。

つまり、日本のテレビでは、放送内容とお金とが全く関連性を持っていないのです。

要するに、幾らテレビの報道内容がおかしくとも、国民は抗議のしようもなく声の挙げようもありません。

再三繰り返しますが、法規制も機能しない。

ＢＰＯも監督機関ではない。

政府も動かない。

視聴者はテレビ番組の購買者ではないから、不売という消費動向を示せない。

最後の手段として、スポンサーに対して、放送内容がおかしいから精査して、場合によってはスポンサーを降りなさいと警告をする以外、テレビの不正から国民を守る手段が、現実問題として今の日本にはありません。

私が打ち出した方針は穏健なものでしょう。

まず、放送法四条違反と考えられる番組に関する調査報告を、当該番組のスポンサー企業各社に対して送付するとしました。

真っ当な報道をしているならば、スポンサー企業に調査報告を送られて困るはずがありません。

もし、スポンサー企業から見て私たちが出した調査報告の内容が見当はずれなものならば、取り合わなければいいだけの話です。

ですが、もし、私たちの批判が妥当なものだったとしたら、そんな違法番組にスポンサーが金を出し続けるのは、犯罪に加担するのと同じことになります。したがって、我々の調査報告が正しいとスポンサーが判断したら、テレビ局に適切な報道に改めるよう申し入れるか、スポンサーを降りる――これは社会公益上、当然の振舞いです。

本書でご紹介して来たような極端な虚報などについて、スポンサー企業に調査報告を提言するのは、寧ろ視聴者の良識ある責務ではないでしょうか。

ところが、当該企業のＴＢＳのみならず、私の起草した声明に強い抗議の声を挙げたメディアがもう一つありました。

朝日新聞です。何と、私の作った弱小団体の声明に朝日新聞が社説をまるまる使って非難してきたのです。

〈ＴＢＳ批判　まっとうな言論活動か

ＴＢＳテレビが先週、「弊社スポンサーへの圧力を公言した団体の声明について」と題するコメントを発表した。

この団体は、「放送法遵守を求める視聴者の会」というグループだ。ＴＢＳの報道が放送法に反すると主張し、スポンサーへの「国民的な注意喚起運動」を準備するとしている。

ＴＢＳのコメントは、次のような要旨を表明している。

「多様な意見を紹介し、権力をチェックするという情報機関の使命を認識し、自律的に公平・公正な番組作りをしている」

「スポンサーに圧力をかけるなどと公言していることは、表現の自由、ひいては民主主義に対する重大な挑戦である」

放送法の目的は、表現の自由を確保し、健全な民主主義の発達に役立てることにある。コメントは、その趣旨にもかなった妥当な見解である。

声明を出した団体は、昨秋からＴＢＳ批判を続けている。安保関連法制の報道時間を独自に計り、法制への反対部分が長かったとして政治的公平性を欠くと主張している。

しかし、政権が進める法制を検証し、疑問や問題点を指摘するのは報道機関の使命だ。とりわけ安保法のように国民の関心が強い問題について、政権の主張と異なる様々な意見や批判を丁寧に報じるのは当然だ。

テレビ局への圧力という問題をめぐっては、昨年六月、自民党議員の勉強会で「マスコミを懲らしめるには広告料収入がなくなるのが一番」などとの発言があった。政治権力による威圧であり、論外の発想だ。

一方、視聴者が言論で番組を批判するのは自由だ。テレビ局は謙虚に耳を傾けなくてはいけない。だが、この団体は、放送法を一方的に解釈して組織的に働きかけようとしている。

TBSの「誠意ある回答」がなければ、「違法報道による社会的な負の影響」への「加担」を防ぐ提言書をスポンサーに送ると通告。ネットでボランティアを募り、企業の対応によっては「さらに必要な行動をとる」とも予告する。これは見過ごせない圧力である。

番組を批判する方法は様々あり、放送倫理・番組向上機構（BPO）も機能している。にもかかわらず、放送局の収入源を揺さぶって報道姿勢を変えさせようというのでは、まっとうな言論活動とはいえない。

もし自律した放送局が公正な報道と権力監視を続けられなくなれば、被害者は国民だ。「知る権利」を担う重い責務を、メディアは改めて確認したい〉（平成28年4月13日・朝日新聞社説）

引用しても虚しさを覚えるばかりです。

本書を通読した読者は、この朝日新聞の主張が妥当かはもうお分かりでしょう。

しかし、こうしてＴＢＳと朝日新聞が激烈に反応したところを見れば、スポンサーへの注意喚起運動は彼らにとって一番痛い致命傷になり得るアキレス腱だということです。

私は今、「放送法遵守を求める視聴者の会」の活動は、百田尚樹氏、上念司氏らに譲り、運動をやめて文学者、言論人としての仕事に戻っています。

スポンサー運動をリードするのは私の任ではありません。

しかし、上記の声明に記した指針は、政治運動ではなく、コンシューマー運動です。特定の政治的見解をゴリ押ししたり、強要するという発想とは全く異なります。

「事実をきちんと伝えてくれ」と声を挙げるのは、「言論の自由を抑圧する」「圧力」でしょうか？

「国民的な争点になる重要法案はきちんと中身を伝え、賛成・反対意見の紹介は公平にしてくれ」と声を挙げるのは、「言論の自由を抑圧する」「圧力」でしょうか？

これらは特定の政治的立場からテレビに注文を付けているのではなく、国民の知る権利にこたえる商品を作ってくれという運動に過ぎないのではないでしょうか。

私の立ち上げた小さな視職者団体がそのようなコンシューマーとしての声を挙げただけで、言論の自由の抑圧だと反発するＴＢＳや朝日新聞の「人権感覚」はどうかしているのではないでしょうか。

テレビが正常化する日——その時になってようやく、日本のデモクラシーは事実に基づいた政治論争を通じて成熟し始めることになります。

内外の危機は、今ものすごいスピードで日本を浸食しています。

どんな政権であれ、どんな政策であれ、日本の今後を明るくするには、国民が政治内容を正しく理解していなければなりません。

今のテレビがその役割を果しているかどうかは、本書を参考にしつつ、読者の皆さんが様々な番組を調べてみて、御自分の眼で、御自分の頭で判断していただきたいと思います。

私は自分の特定の政治信条のために、本書を書いたのではありません。

日本国民が自ら政治的判断をできるよう、報道が「ファクト」を大切にする時代が来てほしい——ただそれだけの願いをこめてこの本を書いたということを終わりにお伝えしておきたいと思います。

巻末参考資料

ＴＢＳ社による重大かつ明白な放送法４条違反と思料される件に関する声明

放送法遵守を求める視聴者の会
平成28年４月１日

私たち「放送法遵守を求める視聴者の会」では、この度、ＴＢＳ社の報道番組を広く調査した結果、重大かつ明白な放送法第４条違反と思料される事実が判明したので、その件に関して、声明を発表する。

放送法第４条１項の〝政治的公平性〟に関する規定は、従来、放送事業者の〝放送番組全体で判断する〟とされてきたが、〝放送番組全体〟とは、期間も対象も不明であり、〝政治的公平性〟の量りようがない、いわば〝マジックワード〟のようなものであった。しかし、この従来の見解に関する解釈について、〝番組全体は一つ一つの番組の集合体〟であるとの自明の理である見解が平成28年２月12日、総務省による政府統一見解で表明されたため、下記期間を対象として、放送事業者たるＴＢＳの番組編集の実態を〝見て〟みたものである。

ＴＢＳを対象に選んだ理由は、昨年12月、当会の公開質問状に対して、同社が「私どもは公平・公正な番組作りを行っており、今後もその様につとめて参ります。」と回答したが、この回答が実態と程遠いのではないかとの多くの視聴者からの調査要請があったためである。

検討対象は、報道番組に限らずバラエティー番組も含め、24時間、安保関連法案が話題に上った全番組で、日付は平成27年9月13日日曜から20日日曜までの8日間である。

同期間におけるTBSの安保関連報道時間は13時間52分44秒、ストレートな事実報道と言えるのはその内7・3%、それ以外は何らかの意味での賛否の色のついた報道とみなされるので、それを全て「賛成」「反対」「どちらでもない」に分けて検証した。

その結果、「どちらでもない」を入れた場合、「どちらでもない」が53%、「賛成」が7%、「反対」が40%であった。「どちらでもない」を外すと、賛否バランスは賛成15%、反対85%である。時間に換算すると、賛成報道は58分17秒、反対報道は5時間12分であった。

賛否のとり方については、当会に批判的な人たちから政治的不公平だという声が上がらぬよう自重を極めた。法案に反対する野党が国会内で揉める長い場面や「法案への理解が進んでいない」などというコメントが殊更に挟まる場面は法案反対の意図が明白だと思われるが、あくまで中立報道とみなし「どちらでもない」に含めた。即ち、平均的な視聴者の印象としては、当会調査による「どちらでもない」の殆どは、法案反対の印象を与える場面だったたこ

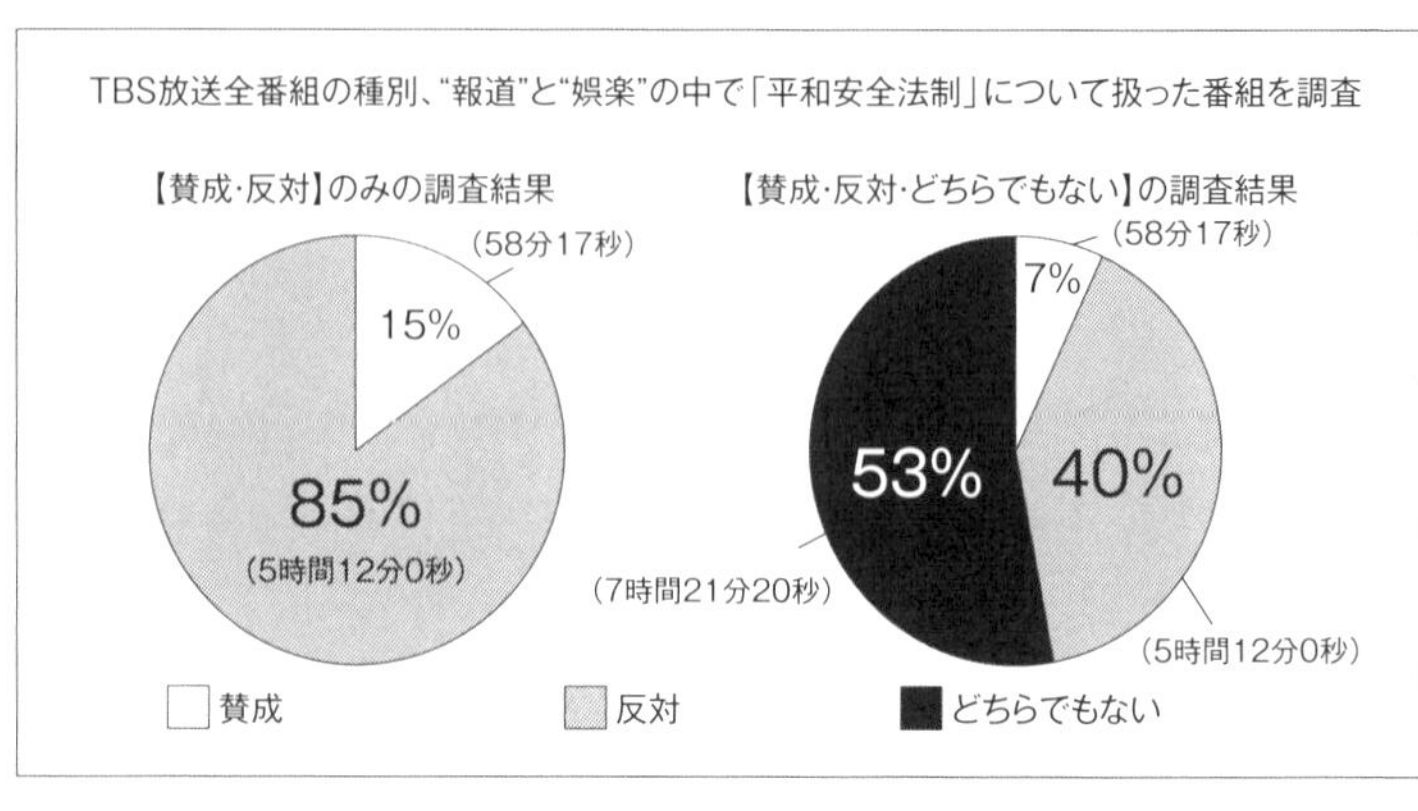

とを申し上げておく。

さらに、賛成側の有識者、コメンテーターは、世上、多数に上るにも関わらず、賛成側有識者によるコメントは殆ど放映されなかった為、賛成にカウントした場面の殆どは安倍首相、中谷防衛大臣による国会答弁のシーンである。もしこれらと野党の批判場面を全て客観報道として「どちらでもない」に含めると、実質的な「賛成」の報道時間は限りなくゼロに近くなる。局側が用意したコメントは、全放送番組、長時間に渡りほぼすべて法案反対側だった。

以上の調査結果に対する当会の見解は以下の通りである。放送法4条について、当会は、恣意を極力介在させないために、現在、放送法を解釈する上で事実上唯一のリファレンスとなっている「放送法逐条解説」（平成24年発行最新版）をもとに、以下のように解する。

同解説には、以下の記述がある。

「表現の自由といえども絶対無制限ではなく公共の福祉に反しないよう行使しなければならないという外在的内在的制約を有している。このため、放送番組編集の自由についても絶対無制限の権利が認められていると考えることは妥当ではない。放送についてもは本法第1条において放送を公共の福祉に適合するよう規律することを明らかにするとともに、法律に定める権限に基づく場合は一定の制約があることを認めている。」（P・54）

ここで言う「制約」こそが、まさに放送法第4条である。

第1条が定める不偏不党と真実の保障を具体化したものが、第4条の二「政治的に公平であること」及び第4条の三「報道は事実をまげないですること」であり、また、政治的公平の確保は第4条の四「多様な意見への配慮」と合わせて考えるべきである。これらも「放送法逐条解説」に明記されている（P・60）

その上で、放送法第4条が求める放送の政治的公平性については、平成19年の総務大臣答弁において、「一つの番組ではなく当該放送事業者の番組全体を見て、全体としてバランスの取れたものであるかを判断することが必要」との見解が示されている。

高市総務大臣は、これに加え、二つの事例を挙げて「一つの番組のみでも極端な場合においては、一般論として「政治的に公平であること」を確保しているとは認められない」との見解を示した。

高市大臣によるこの新見解に対しては批判もあるが、今回の調査結果は、TBSの当該時期の報道は、従来の総務相見解を以てしても、放送法4条に明確に違反していると断定せざるを得ない結果であった。しかももし仮に調査期間を安保法制論が沸騰していた7月から9月の3か月間に延長しても、この数値に大きな差異は認められないと推定される。その場合、TBSは、四半期に渡り、報道の名のもとに、全社をあげて特定の立場からの政治的プロパガンダを繰り広げていたことになり、株主に対する責任は極めて重大と指摘せざるを得ない。

ところで、時間公平では政治的公平性を測れないという見解がある。では何で測るのか。自分こそが正義であり、その立場から公平性を測ればいいといわんばかりのジャーナリストや学者が、今回の事例で多数現れ出たことに当会は衝撃を禁じ得ない。自分の正義を絶対視する人々がリベラルを標榜する、これほど傲慢で滑稽な自己矛盾はあるまい。

我々の主張は一貫して簡単素朴なものだ。放送事業者の役割は、あくまで様々な論点を国民に知らせるメディア＝「媒介」であり、そうした多様な見解に触れた国民が、自ら主体となって政治決断を重ねてゆく以外に、民主社会における世論成熟の方法があるはずがない。

一定の見解に立つ放送事業者、学者、ジャーナリストが、電波を独占して、特定の方向に論調を誘導するのは洗脳であり、国民の知る権利の妨害であり、民主主義の破壊であり、どのような正当性をも決して有しない。もし正義を主張する人間によるそのような恣意的独占が許されるならば、ヒトラーがＴＢＳを、ムッソリーニがテレビ朝日を、スターリンが日本テレビの経営権、編集権を占拠して、「正義」の名のもとに恣意的な報道を始めた時、国民は知る権利と自由を守り、民主主義を守るためにどんな手段があるというのか。

時間公平を強く要求することは、そのような不当な民主主義の破壊を防ぐ、現時点で最も簡単で有効な手段だと、当会は強く主張する。

一方、放送法第４条は法規範ではなく倫理規定だとの主張も執拗になされてきた。

しかし放送法適用の標準的なガイドラインと言える前述の「逐条解説書」は、第４条に明確に違反している場合における、総務大臣による電波停止を次のように明記している。

「本法違反について放送局の運用停止等を行うことができることとしている本法第１７４条又は電波法第76条を適用することについては、放送された番組が本法第４条第１項に違反したことが明らかであること。」

勿論、放送法第４条に定められた「政治的公平性」や「多角的論点の提示」は曖昧な概念であり、このような概念を根拠に政府による罰則を適用するのは極めて危険である。が、今回のＴＢＳによる安保法制報道は、議論の余地も政府による恣意の介在も許さない、局を挙げての重大かつ明確な放送法違反とみなし得よう。残念ながら、現行の標準的なガイドラインに従えば、ＴＢＳ社は電波停止に相当する違法行為をなしたと断定せざるを得ないのではあるまいか。

ただし、誤解ないように強調したいが、当会は、政府が放送内容に介入することには断固反対する。

もしも電波停止のような強大な権限が、時の政権によって恣意的に用いられたならば、民主主義の重大な危機に直結する。いかなる政権も、どんな悪質な事例であれ、放送事業の内容への直接介入に安直に道を開いてはならない。

だが、それならば、今回のＴＢＳ社の事例のような、深刻な放送法４条違反に対して、国民はどう権利と自由を守ればいいのか。

限られた公共財である電波を排他的に占有し、社会的に強大な影響力を保持している放送局の一つが、明らかに政治運動体と化している。報道の自由が「無限の自由」であるかのように誤認した放送事業者の活動が、国民の知る権利と衝突している。

4か月余りにわたる我々の警告に対して、放送事業者もジャーナリスト、メディア学の専門家も、極端な賛否バランスの問題性、違法性を一切認めようとせず、論点を「安保法制の違憲性如何」や「政府による言論弾圧」にすり替えて自己正当化を図り続けた。その自浄能力、反省能力のなさに対して、当会は、日本の民主主義と自由の為に、深刻な絶望を抱かざるを得ない。

そこで、当会は、以下、法律違反を犯したTBS社、倫理向上委員会を名乗る任意団体BPO、TBSの報道番組のスポンサー企業各位、国会それぞれに以下のような要望を申し入れることとした。

◆TBSへの要望

1・この度の当会の調査結果に対して、放送法第4条の二及び四を遵守していると考えるか否か。遵守しているとの判断ならば、その根拠を明確に示すこと。

2・放送法第4条の二及び四に抵触したことを認めるのであれば、その責任を明確にし、再発を防止するため直ちに全社的な対応を取ること。

よく言われるように放送法第4条が「倫理規定」であるのならば、その「倫理」をこれだけ守れていない以上、視聴者、スポンサー企業に対し、法的、社会的責任を自らとることを強く要求する。

3・責任の取り方として、以下の対応を求める。

（1）第三者による調査・改善委員会の設置。人選については多様な立場の専門家で構成し、対立する見解を持った構成員を最低限保証すること。「お友達委員会」であってはならない。

（2）調査においては、安保報道全期間とし、放送法第4条に抵触する「違法性」の所在を自ら明確にすること。

（3）原因究明と再発防止のための具体的方針を明らかにすること。

＊とりわけ、個別の番組、また放映曜日によっても多数の制作会社、人員が関わっているにも関わらず、なぜここまで局全体の論調が統一されてしまうのか、その構造的原因を明らかにすること。それができない限り再発を防げないと当会は考える。

（4）経営陣が辞任を含めた明確な形で引責すること。

以上に関して、取り組みの方向性を明示した「誠意ある」回答を4月8日までに発出するよう要望する。

◆ＢＰＯ＝（放送倫理・番組向上機構）への要望

1・この度当会が明らかにした時期の、安全保障法制をめぐるＴＢＳの報道について、放送法第4条の二及び四に鑑みた違法性を確認すること。

2・原因を究明し、再発防止のための具体的な勧告を出すこと。

ＢＰＯから誠意ある回答がない場合、予てからその存在に疑問の声があるＢＰＯの実態について、当会として調査を開始し、国民にとってより納得のいく形の、真の第三者委員会の設立を目指す。

◆スポンサー企業への働きかけ

当会は、日本経済を支える優良な多数のスポンサー企業に対して圧力行動をとりたくはない。

しかし、ＴＢＳが上記要望に対して4月8日までに「誠意ある」回答を発出しなかった場合、一定の形式や節度を重視しつつも、国民的なスポンサー運動の展開を検討せざるを得ない。その場合は以下の手順をとるであろうことをここに予告する。

1・当該番組のスポンサー企業各社に対して調査報告を送付。

2・スポンサー企業が問題の所在を確認し、自らの判断により適切に対処することで、違法報道による社会的な負の影響（ネガティブ・インパクト）にスポンサー企業自身が加担するリスクを防ぎ、社会的責務・株主に対する責務をより良く果たせるよう提言書を添付。

3・放送事業者とスポンサー企業が協同して果たすべき社会的責任について、広く国民的な注意喚起運動を開始する。

◆国会への要望
放送制度の抜本的な見直しについて、以下の項目に関する検討、議論を要望する。


1・放送事業者、政府双方からの独立性を確保し、多様な国民の意識を反映した放送監督制度の確立。現状では、政府機関の、しかも独任制の大臣が監督処罰権限を持ったために、実効性ある規制が言論・表現の自由の観点から困難であるという構造的問題がある。監督機関の独立化によりこれを解消すべきだ。

2・電波停止より手前の、現実的に適用可能な処分の新設。「金銭的制裁」など。アメリカ、イギリス、フランス等の規制機関には金銭制裁が存在する。

3・「電波オークション」導入の検討。現在、テレビ局全体の電波利用料負担は総計で34億4700万円。それに対し営業収益は3兆円を超える。電波の〝仕入れコスト〟は、営業収益のわずか0・1%ということになる。電波オークションの導入は、価値に見合った電波使用料の適正化と共に、事業者の入れ替わりを原理的に可能にすることで、既存の放送授業者が信頼性を維持向上する動機付けとなる。（電波オークションを行っていない国はOECD加盟34カ国中3カ国だけ、先進国では日本だけである。）　以上

謝辞

言うべきことは本文で書いたので、あとがきに代わり、ここでは短い感謝のみを申し上げておきたい。

この手の検証本の命は、「ファクト」にある。

テレビはとりわけ、報道内容が一瞬で消えてしまうため、ネット社会になっても、まとまった分量の「ファクト」チェックが極めて困難だ。

膨大なテレビ報道にはそこもここも問題だらけなのだが、一方で、そうした問題を一冊の書籍の形できちんと提示できるほど、フェイクニュースや虚偽のコメントを膨大な放送から、濃縮して拾うのは極めて難しい。

私の前著『徹底検証「森友・加計事件」――朝日新聞による戦後最大級の報道犯罪』のときと同様、私のシンクタンク「一般社団法人日本平和学研究所」の二人の研究員、平よお、橋本美千夫両氏に、全面的な報道内容の収集をお願いした。二人がいなければテレビの発言をここまで拾い上げることは全く不可能だった。テレビの発言を的確に収集できなければそもそも本書は成立しないことになる。感謝の言葉もない。また、ライターとして資料のチェックや収集をお手伝いいただいた仙波晃さんにも心からお礼申し上げたい。

出版元の青林堂の渡辺レイ子さんには、7月に同社の雑誌『ジャパニズム』の座談会に出た折、出版の提案をいただき、それ以来、出版に漕ぎ着けるまで、わがままや面倒のかけ通しだった。おかげさまで本として形にでき、大変有難く思っている。

渡辺さんからは、現在のテレビ報道の問題を幅広く理解していただけるよう、基礎的、入門的な内容から解説を加えてゆく方針をいただき、その趣旨に沿って書いたのが本書である。

*

今、日本で政治や社会問題に関心のある方全てに一番大切なことを一言で表せば「ファクトに帰れ」という一語に尽きるのではないかと思う。

ネット社会になり、一人ひとりが情報を発信できる中で、相互の発信する情報が社会に影響を与えるようになっている。ファクトに立つ人が尊重されるネット社会の新たな合意の形成が必要だ。

ところが、そうした個々人の情報発信以前に、数千万人の視聴者を持つテレビが本文で指摘したようにデタラメだらけでは話にならない。

報道のプロが一番嘘つきだった、こんなシャレにならないシャレはもう沢山だ。

今後、私は、本業の文藝評論と並行して、事実をきちんと示してゆく「徹底検証」路線も、充実・発展させてゆこうと思っている。

本書を通じて、一人でも多くの方に、テレビ問題の本質を理解いただければ、これに勝る喜びはない。

徹底検証 テレビ報道「嘘」のからくり

平成29年11月21日 初版発行
平成29年11月23日 第2刷発行

著者 小川榮太郎

発行者 蟹江幹彦

発行所 株式会社 青林堂

〒150-0002 東京都渋谷区渋谷3-7-6

電話 03-5468-7769

編集協力 仙波 晃

装丁 奥村靫正 TSTJ Inc.

印刷所 中央精版印刷株式会社

Printed in Japan

ISBN 978-4-7926-0607-7